LIVRE DE LECTURE, EXERCICES DE MÉMOIRE.

CATÉCHISME
D'AGRICULTURE,

CONTENANT

LES PLUS IMPORTANTES NOTIONS D'AGRICULTURE
MISES A LA PORTÉE DE L'INTELLIGENCE
DES ÉLÈVES DES ÉCOLES PRIMAIRES,

PAR

M. L. FOSSEYEUX,

Inspecteur des Écoles du département de l'Aube.

TROYES,

ANNER-ANDRÉ, LIBRAIRE-ÉDITEUR,
Place de l'Hôtel-de-Ville, Nᵒˢ 5 et 7,

OCTOBRE 1839.

S

CATÉCHISME

D'AGRICULTURE,

CONTENANT

LES PLUS IMPORTANTES NOTIONS D'AGRICULTURE,
MISES A LA PORTÉE DE L'INTELLIGENCE
DES ÉLÈVES DES ÉCOLES PRIMAIRES ;

PAR

M. L. FOSSEYEUX,

Inspecteur des Écoles du département de l'Aube.

TROYES,

ANNER-ANDRÉ, LIBRAIRE-ÉDITEUR,

Place de l'Hôtel-de-Ville, Nᵒˢ 5 et 7.

1839.

Les exemplaires non revêtus de la signature de l'éditeur, seront réputés contrefaits.

. . . . Il y a encore des contrées où le défaut absolu d'instruction retient l'Agriculture dans un état presque sauvage. . . . .

. . . . Ils sont essentiellement gens de routine, adorateurs superstitieux des vieux usages ; ils se défient des innovations. *Ce n'est pas la coutume chez nous :* telle est ordinairement leur réponse à tout ce qu'on leur propose de nouveau.

. . . . Faites fonctionner devant eux les nouvelles machines ; montrez-leur des végétations activées par l'aspersion de la chaux ou du plâtre ; qu'ils voient..... ce qu'ils ne voient pas chez eux ; prouvez-leur qu'il ne suffit plus d'essayer, mais que le résultat est certain, le succès infaillible, alors ils ne douteront plus, et ils vous imiteront.

DUPIN aîné.

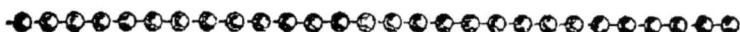

SUR L'APPROBATION DONNÉE A CE LIVRE

PAR LE CONSEIL GÉNÉRAL DU DÉPARTEMENT DE L'AUBE.

Le Conseil général du département de l'Aube, dans sa séance du 30 août 1839, statuant sur le vœu exprimé par les Conseils d'arrondissement, de mettre des livres d'Agriculture entre les mains des élèves des écoles rurales ; après avoir entendu le rapport de sa commission d'instruction primaire, duquel il résulte :

« Qu'il lui a été communiqué, en manuscrit, un travail intitulé : CATÉCHISME D'AGRICULTURE, dont M. FOSSEYEUX, Inspecteur des écoles primaires du département de l'Aube, est l'auteur, et que l'examen soigneux qu'elle a fait de ce travail l'a convaincue qu'il était à la hauteur du sujet. »

Le Conseil général a cru qu'il devait encourager de si honorables efforts, et a particulièrement témoigné à M. FOSSEYEUX, dans sa délibération, tout l'intérêt qu'il prenait au succès de son travail.

Cette approbation du premier corps électif du département, est une puissante recommandation en faveur d'un livre destiné à répondre aux vœux des conseils d'arrondissement, et à contribuer ainsi au développement de l'une des branches les plus importantes de l'instruction des habitants de la campagne ; elle répond dignement aussi à l'intention qui a dirigé l'auteur ; cette intention est d'*être utile au pays*, en enseignant *aux cultivateurs ce qui peut augmenter leur bien-être*.

AVANT-PROPOS.

L'Agriculture a fait de grands progrès en France depuis vingt ans. Des agronomes distingués, à force d'essais et d'expériences, sont parvenus non-seulement à perfectionner cet art, mais encore à créer une théorie dont l'application devient, entre des mains habiles, l'instrument d'une inépuisable fécondité. Malheureusement il est à regretter qu'avec tous leurs avantages, les nouvelles méthodes de cultures ne soient accueillies qu'avec une sorte de défiance dans les campagnes, et que le plus souvent, à côté des plus riches moissons, on ne trouve que des terrains condamnés temporairement à l'improduction. Que de motifs cependant en fa-

a*

veur d'un système de perfectionnement capable d'influer si puissamment sur la richesse du pays et le bien-être social! L'intérêt sans doute devrait faire aux cultivateurs une loi de soumettre toutes leurs opérations aux règles de ce système, dont la pratique démontre de jour en jour l'incontestable utilité : mais il est bien difficile de détruire des idées de routine enracinées avec l'âge ; il est bien difficile de les convaincre que d'autres font mieux qu'eux; mieux que n'ont fait leurs pères.

Le plus sûr moyen de triompher de cet esprit de routine, ce serait de préserver de sa fâcheuse influence cette génération naissante qui peuple aujourd'hui nos écoles, en la familiarisant de bonne heure avec les principes d'une culture raisonnée, et en la préparant insensiblement à l'application de ces principes. Pour cela il faudrait introduire dans ces écoles, et surtout dans les écoles rurales, quelque ouvrage élémentaire, clair et méthodique, où la théorie de l'Agriculture fût mise à la portée de toutes les intelligences, et qui servît non-seulement d'exercices de lecture et de mémoire aux élèves pendant leurs études, mais qu'ils pussent encore consulter avec fruit quand ils viendraient à en appliquer les préceptes.

C'est ainsi que depuis long-temps nous concevions la propagation des bonnes méthodes de culture : mais, lorsqu'appelé à surveiller l'instruction primaire dans ce département, nous nous fûmes aperçu que cet enseignement est absolument nul dans les écoles, et que faute de livres assez élémentaires, les enfants se trouvent privés de connaissances qui leur seraient un jour profitables, nous n'avons pu résister au désir de composer nous-même, sur le plan que nous l'avions primitivement conçu, un ouvrage d'Agriculture spécialement destiné aux écoles de la campagne.

Pour la confection de ce travail, nous n'avons pas cru devoir nous en rapporter à nos propres lumières : nous avons consulté des auteurs dont les noms font autorité en fait d'Agriculture ; tels que MM. Rozier, Yvart, Dombasle, Bailly de Merlieux, Vivien, etc. Sans entrer dans des définitions, dans des théories trop savantes, nous nous sommes attaché à présenter

— viij —

d'une manière claire mais précise, les principes admis et reconnus pour vrais. Le plan et la forme que nous avons adoptés, nous ont été prescrits par l'âge et l'intelligence de ceux à qui nous nous adressons, par le besoin d'être compris des jeunes gens à qui nous destinons notre ouvrage.

Si quelques articles donnent lieu à de sages observations, nous les accueillerons avec reconnaissance, et nous nous ferons un devoir d'y déférer. Notre but c'est d'être utile au pays. Puissions-nous n'avoir point tout-à-fait travaillé sans succès !

— ix —

TABLE ANALYTIQUE

DES MATIÈRES CONTENUES DANS CE VOLUME.

LEÇONS
D'AGRICULTURE,

EN FORME DE CATÉCHISME.

NOTIONS PRÉLIMINAIRES.

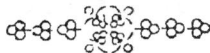

D. Qu'est-ce que l'agriculture?

R. L'agriculture est l'art de cultiver et de fertiliser la terre.

D. Quelle en est l'utilité?

R. La terre fournit à l'homme de quoi le nourrir et le vêtir; elle entretient la richesse dans les villes, et l'aisance dans les campagnes; il est donc important de savoir la cultiver.

D. Doit-on étudier les principes d'agriculture, ou se borner à la pratique?

R. Il est nécessaire de connaître les principes d'agriculture pour profiter des lumières et de l'expérience d'autrui. C'est pour les avoir étudiés que certains cultivateurs sont parvenus à doubler le produit de leurs terres, tandis que d'autres, bornés à la pra-

1

tique, en retirent à peine de quoi satisfaire aux premiers besoins de la vie.

D. Quelles parties de l'agriculture est-il essentiel de connaître ?

R. Les principes d'agriculture les plus essentiels à connaître sont ceux qui ont pour objet :

1° La culture des terres et des prairies ;

2° La conservation et l'usage des produits agricoles ;

3° La plantation et l'entretien des vignes.

CHAPITRE PREMIER.

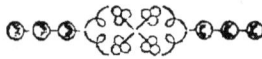

Division, nature et propriété des terrains.

D. Qu'entend-on par terres arables?

R. Les terres arables sont toutes celles qui peuvent se cultiver au moyen de la charrue?

D. De quoi sont-elles formées?

R. Elles sont formées de deux parties principales : le sol et le sous-sol.

D. Qu'appelle-t-on sol?

R. Le sol est le terrain sur lequel nous voyons croître tous les végétaux, et qui contient aussi deux parties.

D. Quelle est la première?

R. La première partie du sol est *l'humus* ou terre propre à la végétation; elle provient de la décomposition de matières animales et végétales à la superficie du terrain, où elles forment une couche plus ou moins épaisse.

D. Quelle est la deuxième partie?

R. La deuxième partie du sol est la terre qui résulte des débris des roches décomposées à la surface du globe, par l'influence de l'air, et à laquelle se mêle l'humus pour former la terre végétale.

D. Qu'est-ce que le sous-sol?

R. Le sous-sol est le lit sur lequel repose le terrain cultivé. Ce sont tantôt des bancs de pierre, tantôt une nouvelle couche de terre qui diffère plus ou moins de la couche supérieure.

D. Quelles sont les substances composant le sol proprement dit?

R. Le sol, en général, outre l'humus, contient de l'argile, du sable, du calcaire, substance crayeuse; et, selon que l'un ou l'autre domine, le sol est dit argileux ou glaiseux; sablonneux ou siliceux; calcaire, crayeux ou marneux.

D. Qu'appelle-t-on terrain argileux?

R. Le terrain argileux est formé en grande partie d'argile, terre molle, douce et grasse, susceptible de se ramollir dans l'eau, et de se durcir au feu. Il est compacte; par la sécheresse, il se resserre, se fendille; mais la moindre pluie lui rend sa ténacité primitive.

D. Quelles sont ses propriétés?

R. Le terrain qui n'est pas surchargé d'argile est toujours productif. L'eau, qui ne le traverse que difficilement, y entretient une fraîcheur humide, favorable à la végétation.

D. Qu'arrive-t-il quand il y a excès d'argile?

R. L'excès d'argile rend le sol moins fertile. Les racines des plantes ne le pénètrent qu'avec peine. Dans l'hiver, il est noyé par les pluies qui y séjournent. Dans l'été, il se dessèche, s'entr'ouvre par la chaleur, et nuit ainsi au développement des végétaux.

D. Quel nom donne-t-on à ces terres?

R. On les nomme terres froides, à cause de l'eau qu'elles retiennent trop long-temps, et terres fortes, à cause de la difficulté qu'offre leur culture.

D. Qu'est-ce qu'un terrain sablonneux?

R. Un terrain sablonneux est plus ou moins léger, selon qu'il contient plus ou moins de sable. Il présente des avantages et des inconvénients pour la végétation.

D. Quels sont ses inconvénients?

R. Le terrain sablonneux est sec et brûlant, attendu qu'il ne peut conserver, au profit des végétaux, l'eau qui le pénètre facilement, ou qui s'évapore par l'action du vent ou du soleil.

D. Quels sont ses avantages?

R. Le terrain sablonneux étant plus sensible à l'influence de l'air et de la chaleur, ses produits doivent être d'une meilleure qualité; les pommes de terre, par exemple, y sont d'un goût exquis; il est en outre d'une culture très-facile.

D. Quelles sont les propriétés générales de ce terrain ?

R. Lorsqu'il contient à peu près deux tiers d'argile et un tiers de sable, il donne toute espèce de récoltes ; mais s'il renferme deux tiers de sable, il ne saurait convenir qu'à la culture du seigle, de l'orge, de l'avoine ou du sainfoin, etc.

D. Qu'entend-on par sol crayeux ou calcaire ?

R. Le sol crayeux est celui qui renferme environ deux tiers de calcaire, mêlé à une certaine portion de sable fin, d'argile, et autres éléments.

D. A quoi le reconnaît-on ?

R. A la teinte blanchâtre qu'il présente, et qui est due à la présence de la craie ou chaux carbonatée qui en est la base.

D. Quelle en est la propriété ?

R. Le sol calcaire, lorsque la couche de terre végétale a quelque épaisseur, fournit, malgré l'influence de la craie, d'assez bons produits en seigle, avoine ou sarrasin, etc. Le sainfoin et le trèfle y végètent assez bien ; les pins y croissent avec quelque succès.

D. Quels en sont les inconvénients ?

R. Le sol calcaire reflète par sa couleur les rayons du soleil, et prive ainsi les végétaux de la chaleur qui leur est nécessaire.

Par la pluie il devient boueux; et, en sé-
chant, il forme une croûte superficielle qui
empêche l'action de l'air et l'effet des rosées. En outre il est très-avide d'engrais.

D. Ces terrains ne sont-ils pas quelquefois plus productifs?

R. Oui, c'est lorsqu'ils sont mêlés à une
plus grande quantité d'argile; ils prennent
alors le nom d'argilo-calcaires.

D. Qu'appelle-t-on terres ferrugineuses?

R. Les terres ferrugineuses sont celles où
domine l'argile ou le sable, uni à une substance métallique qu'on nomme oxide de
fer, et qui leur donne une teinte tantôt rouge, tantôt noirâtre.

D. Quelles sont ses propriétés?

R. Lorsque le métal surabonde, la terre
ferrugineuse est impropre à la végétation;
mais lorsqu'il y est en petite quantité et
mêlé au gravier, il produit de bons effets.

D. Qu'entend-on par terres franches?

R. Les terres franches sont celles qui tiennent des sols argileux et des sols sablonneux;
elles sont en général très-fertiles.

D. Qu'est-ce que la terre de bruyère?

R. La terre de bruyère est une espèce
d'humus ou terreau végétal, dû à la décomposition successive des plantes, mêlé à un
sable très-fin et à une petite quantité d'ar-

gile. Elle repose toujours sur un lit argileux qui absorbe l'eau des pluies.

D. Quelle en est la propriété?

R. La terre de bruyère, ordinairement stérile, comme le prouvent certains pays de landes, sert à diviser les parties compactes des terrains argileux; on en fait un grand usage dans le jardinage, et surtout pour la culture des fleurs.

D. Qu'appelle-t-on terrains marécageux?

R. Les terrains marécageux sont ceux où l'eau séjourne constamment; ils ne donnent que des récoltes d'une mauvaise qualité.

D. Qu'appelle-t-on terres de prés?

R. Les terres de prés possèdent une grande quantité d'humus, due aux débris des matières végétales, ainsi qu'aux substances vaseuses qu'y déposent les eaux au moment des inondations. Elles sont très-fertiles.

CHAPITRE DEUXIÈME.

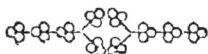

De la Végétation.

—

D. Qu'entend-on par végétation?

R. La végétation est une opération de la nature par laquelle les plantes dont les graines sont confiées à la terre croissent, grandissent et se reproduisent.

D. Comment a lieu cette opération?

R. La végétation a lieu par la combinaison de certains éléments dont sont composés l'air, la terre, l'eau et la chaleur.

D. Quels sont les phénomènes en vertu desquels se fait cette opération?

R. La végétation s'opère en vertu de la germination, de la nutrition et de la reproduction.

D. Qu'appelle-t-on germination?

R. La germination est le phénomène par lequel une graine inerte et comme morte, une fois mise en terre, prend un mouvement vital et se convertit en jeune plante.

D. Comment se produit-il?

R. La graine, ramollie par l'action de l'humidité et de la chaleur, perd l'enveloppe qui la recouvre. L'air (*l'oxygène*) s'unit à une substance (*le carbone*) contenue dans la graine qui est alors décomposée.

D. Qu'arrive-t-il ensuite?

R. Il sort de la graine : 1° de petites racines, ou *radicules*, qui plongent dans la terre; 2° une petite tige ou *plumule*, qui tend à s'élever au-dessus du sol.

D. Que devient la graine?

R. La graine se trouve elle-même convertie en une matière molle, blanche et sucrée qui se porte aux racines et à la plumule pour les nourrir. Il en résulte ensuite une espèce de feuilles blanchâtres dites feuilles séminales, qui tirent de l'air l'aliment nécessaire à la plante.

D. Qu'est-ce que la nutrition?

R. La nutrition est un phénomène par lequel les végétaux, une fois sortis de l'enveloppe de leurs graines, empruntent à l'air et à la terre leurs principes nutritifs.

D. Comment s'opère ce phénomène?

R. Les savants ne sont pas d'accord sur cette question; cependant voici l'opinion la plus généralement accréditée :

Lorsque les radicules et la tige sont parvenues à un certain degré d'accroissement, les feuilles séminales tombent. Les racines, à l'aide de leurs ramifications, absorbent plusieurs parties de *l'humus*. Ces parties s'élèvent dans le corps de la plante jusqu'aux feuilles qui contiennent une certaine portion d'air puisé dans l'atmosphère.

D. Que se produit-il alors ?

R. Par l'action de l'air il s'opère une décomposition. Les substances inutiles à la nutrition sont rejetées ; les autres se changent en sucs nourriciers, qui s'éloignent des feuilles, reviennent dans l'intérieur du végétal, et lui rapportent un aliment nécessaire à son développement.

D. Qu'appelle-t-on sève ?

R. La sève est une liqueur limpide qu'on voit découler des plantes, lorsqu'on les entame à différentes époques de l'année, et surtout au printemps.

D. D'où provient cette liqueur ?

R. La sève résulte de la combinaison des principes nutritifs de la terre et de l'air, produite par la décomposition opérée dans les feuilles, d'où elle redescend en liquide visqueux dans les différentes parties du végétal.

D. Les végétaux empruntent-ils à la terre et à l'atmosphère, en tout temps et également, leurs principes alimentaires ?

R. Non ; cela dépend de leur conformation extérieure, et du degré de leur végétation. Plus le tissu de leur tige et de leurs feuilles est tendre et herbacé, moins ils empruntent à la terre et plus ils reçoivent de l'air; tandis que plus ce tissu est dur, serré et les feuilles sèches, plus ils empruntent à la terre, et moins ils reçoivent de l'air. C'est ce qui arrive à l'instant de leur maturité.

D. Qu'est-ce que la reproduction?

R. La reproduction est le phénomène par lequel les végétaux reproduisent en plus ou moins grande quantité les graines et semences qui leur ont donné naissance.

D. Comment s'opère la reproduction?

R. Les plantes, arrivées à un certain degré d'accroissement, entrent en fleur. C'est l'époque de la fécondation, ou formation de la graine. Dans les parties constitutives de la fleur, on en distingue deux : les *étamines* et le *pistil*, qui ont des propriétés particulières.

D. Quelles sont ces propriétés?

R. Les étamines contiennent une poudre fécondante qui tombe sur le pistil. Là elle se transforme en petits corps laiteux qui croissent insensiblement et se durcissent : ce sont précisément les graines ou fruits du végétal, qui grossissent peu à peu, et qu'on récolte à leur maturité.

D. L'atmosphère influe-t-elle beaucoup sur la fécondation?

R. Oui, et par suite sur l'abondance des récoltes : le froid resserre les étamines, y retient la poudre fécondante ; l'excès de chaleur, au contraire, la dessèche dans le pistil.

D. Qu'arrive-t-il alors?

R. La graine ne se forme qu'imparfaitement, et la récolte laisse peu d'espoir. Les cultivateurs se plaignent que leurs blés ne grènent pas, ou que leurs vignes ont coulé.

D. Quel temps est le plus favorable à la floraison?

R. Il faut en général une atmosphère douce, une chaleur ordinaire, tempérée par quelques légères rosées.

CHAPITRE TROISIÈME.

Des Engrais.

—

D. Qu'appelle-t-on engrais?

R. Les engrais sont des substances provenant de la décomposition des débris de matières végétales et animales, et qui, mêlées à la terre, la rendent plus productive.

D. Comment ces substances agissent-elles sur le sol?

R. Les engrais agissent sur le sol, soit en lui communiquant certains principes nutritifs dont ils sont composés, ou qu'ils puisent dans l'atmosphère, soit en retenant avec une grande tenacité l'eau des pluies, et en entretenant ainsi une humide fraîcheur dans le sein de la terre.

D. Combien reconnaît-on d'espèces d'engrais?

R. On distingue trois espèces principales d'engrais : la première, formée de matières animales; la deuxième de matières végétales; la troisième, formée de la réunion de ces deux matières.

D. Quels sont les engrais le plus en usage ?

R. Les engrais le plus en usage sont ceux qui résultent de la décomposition des matières végétales et animales, comme le fumier.

D. Comment se forme le fumier ?

R. Le fumier est produit par la paille donnée pour litière aux bestiaux, mêlée à leur fiente, imprégnée de leur urine, et quelquefois décomposée par la fermentation.

D. De quelle manière obtient-on une fermentation parfaite ?

R. On entasse dans un endroit une certaine quantité de fumier nouvellement fait. Peu à peu la masse s'échauffe et fermente ; il s'opère alors une décomposition de substances végétales et animales.

D. Qu'en résulte-t-il ?

R. Le fumier se trouve changé en une matière noire et compacte qui prend le nom de fumier court ou gras, par opposition à celui qui sort de l'écurie, et qu'on nomme fumier long.

D. Lequel des deux doit-on préférer ?

R. Quand on veut procurer au terrain un engrais qui dure quelque temps, on choisit le fumier long ; si, au contraire, on a en vue une récolte peu éloignée, c'est au fumier gras qu'il faut donner la préférence.

D. Pourquoi cela?

R. C'est parce que ce dernier agit immédiatement sur le sol, tandis que le fumier long a besoin d'attendre six mois, un an, qu'il soit arrivé à un état parfait de consomption.

D. Comment s'emploient ces deux sortes de fumier?

R. Le fumier long est employé dans les cultures qui précèdent les céréales; le fumier gras peut l'être la veille des semailles.

D. Que faut-il consulter encore pour l'emploi des fumiers?

R. La nature des terrains : les terres argileuses et froides demandent un fumier long, comme plus propre à les échauffer, et à en diminuer la tenacité. Les terres légères, chaudes et sablonneuses exigent un fumier gras, comme plus capable de leur donner de la consistance, et d'y conserver plus long-temps les eaux pluviales.

D. Ne faut-il pas considérer aussi la nature des produits?

R. Oui; le fumier trop consommé porte son odeur dans les racines des plantes. On voit des animaux refuser de manger cette herbe épaisse qui croît dans un endroit saturé de fumier trop consommé.

D. N'en est-il pas de même encore en d'autres cas?

R. Il en est de même des vignes, de certains légumes, tels que les pommes de terre, les carottes, etc., etc., destinés à la nourriture de l'homme ; ces plantes sont très-sensibles à l'influence des engrais, et préfèrent un fumier peu consommé.

D. Comment emploie-t-on le fumier en général?

R. Quelques cultivateurs l'enterrent profondément avec la charrue ; d'autres se contentent de le répandre à la surface du sol.

D. Quel inconvénient résulte-t-il de ces deux procédés?

R. Ces procédés empêchent l'action immédiate de l'engrais sur les plantes dont les racines peu profondes ne sauraient communiquer avec lui dans les deux cas.

D. Quelle est la meilleure méthode à suivre?

R. Il faut enterrer simultanément à peu de profondeur le fumier et la semence, ou le répandre sur les cultures au moment où elles sont en pleine végétation, c'est-à-dire au printemps. Dans ce dernier cas, il faut du fumier bien consommé pour que ses principes puissent se dissoudre, et parvenir aux racines.

D. Quelle est la circonstance la plus convenable à cette sorte d'engrais ?

R. C'est l'humidité qui favorise leur décomposition, et rend leurs émanations gazeuses profitables à la nutrition des plantes. Un excès de sécheresse produit un résultat tout opposé; il suspend l'effet de la dissolution.

D. Doit-on laisser sur un terrain non-ensemencé le fumier éparpillé?

R. Non ; il faut s'empresser de l'enterrer; car le soleil qui le dessèche, les pluies qui le lavent, lui ôtent quelque chose de ses principes nutritifs, s'il reste long-temps exposé en plein air.

D. Dans quelles proportions faut-il mêler le fumier à la terre?

R. On ne saurait fixer de règle à cet égard; c'est la nature du sol qu'on doit considérer; toutefois il ne faut pas l'employer avec excès.

D. Quel effet produit l'excès du fumier?

R. Tantôt il brûle les céréales, qui ne produisent que des épis grêles et presque vides ; tantôt il leur donne une végétation trop forte et trop active ; le moindre vent et la moindre pluie sont funestes aux récoltes, qui dans ce cas rendent peu de grains.

D. Quel soin exige la confection du fumier?

R. La confection du fumier exige un soin que n'ont pas la plupart des cultivateurs. Souvent, au sortir de l'écurie, on le dépose dans un trou, où il est noyé par les eaux pluviales ; quelquefois, au contraire, on le place dans un endroit élevé, où il est pénétré par les pluies, qui entraînent au-dehors ses principes nutritifs.

D. Quels sont les procédés à suivre dans cette circonstance?

R. On pave d'abord la place qui doit le recevoir, pour empêcher l'infiltration de ses parties liquides, et l'on donne au pavé une pente propre à en faciliter l'écoulement dans une fosse voisine, également pavée.

D. Comment y entasse-t-on le fumier?

R. On l'amoncelle dans cette fosse, au sortir de l'étable, comme pour la fabrication des couches. On l'arrose de temps en temps avec de l'urine ou avec l'eau qui en dégoutte, afin d'entretenir dans la masse une humidité égale et constante.

D. Quelles sont les différentes sortes de fumiers dont on fait usage en agriculture?

R. Ce sont : le fumier de cheval, celui de vache ou de bœuf, et celui de mouton, etc.

D. Comment appelle-t-on encore le fumier de cheval?

R. Le fumier de cheval se nomme fumier chaud; il échauffe le terrain, etentre promptement en fermentation.

D. Comment nomme-t-on le fumier de vache?

R. Le fumier de vache est dit fumier froid. Sa fermentation est lente; il agit moins activement sur les végétaux.

D. Quelles sont les propriétés du fumier de mouton?

R. Le fumier de mouton est un des meilleurs engrais qu'on puisse trouver; ses effets se font sentir plusieurs années consécutives.

D. N'existe-t-il pas quelques engrais encore plus actifs?

R. La colombine, ou fiente de pigeon ou de poule, etc., les matières fécales sont encore plus actives. Employées toutes fraîches, elles brûlent les végétaux. Elles ont besoin auparavant d'être desséchées et réduites en poudre aux rayons du soleil, qui leur ôte une partie de leur force.

D. Comment s'emploient-elles?

R. Elles se sèment comme le blé, en automne, et avant le dernier labour. Souvent on les mélange, avant de les répandre, avec une certaine quantité de terre végétale;

toutefois il faut savoir les proportionner à la nature des terrains.

D. Qu'entend-on par engrais végétaux?

R. Les engrais végétaux sont le produit des graines qu'on a semées dans l'intention d'en enfouir la récolte, pour obtenir de la terre une autre récolte plus abondante.

D. Quelles sont leurs propriétés?

R. Les plantes, à l'état herbacé, absorbent de l'atmosphère, au moyen de leurs feuilles, la plus grande partie de leurs éléments nutritifs, tandis qu'après la floraison, elles les empruntent à la terre, à l'aide de leurs racines.

D. Quelle conséquence tire-t-on de ce principe?

R. Si on enfouit les plantes avant l'époque de leur floraison, au moment où elles sont gonflées de sucs, sans avoir presque rien enlevé à la terre, elles lui rendront plus qu'elles n'en auront reçu, et lui fourniront par la décomposition de leurs débris, un engrais avantageux.

D. Quelles sont les plantes les plus propres à cet usage?

R. Ce sont en général : le sainfoin, la lupuline, les raves, les navettes, le sarrazin, la spergule, etc., dans les terrains secs et légers ; la luzerne, le trèfle, le colza, les pois, les vesces, les fèveroles, etc., dans les forts terrains.

D. Quelles sont celles qu'il convient d'enfouir dans les terres humides et dans les terres sèches?

R. Les terres humides demandent des plantes à tiges rameuses, dures, et d'une décomposition lente ; les autres, des végétaux riches en parties herbacées, et capables de développer une grande humidité dans l'intérieur du sol.

D. N'y a-t-il pas encore d'autres engrais végétaux?

R. Oui ; ce sont : le chaume, la paille, le foin, les feuilles d'arbres et les plantes inutiles ; ce sont encore toutes les matières végétales, mouillées et mêlées à la boue des routes, aux balayures des rues; mélangées avec un peu de chaux, ces dernières forment un engrais assez actif.

D. Qu'est-ce que la tourbe?

R. La tourbe est un engrais végétal qu'on emploie avec quelque succès dans certains pays.

D. D'où provient-elle?

R. La tourbe provient de la décomposition dans l'eau de plantes qui croissent sur un sol marécageux, et qui produisent une espèce de terre noirâtre.

D. Comment s'emploie-t-elle en agriculture ?

R. Quand la tourbe est réduite en poudre, on la mélange, en plus ou moins grande quantité, avec du sable, de la craie ou de la chaux également pulvérisée. On en fait de petits tas, qu'on arrose avec des égouts de fumiers ; on la sème au printemps, dans les terres argileuses.

D. Ne s'en sert-on pas comme combustible ?

R. Oui ; mais il faut auparavant la laisser exposée aux rayons du soleil, pour la débarrasser des parties aqueuses dont elle est chargée.

D. Les cendres et la suie n'agissent-elles pas aussi comme engrais ?

R. Oui, les cendres et la suie raniment la force végétative de la terre ; et font périr les mousses et les insectes nuisibles aux plantes. Il faut les répandre avec ménagement, et pendant la rosée. On les sème quelquefois mélangées avec du terreau ; quelquefois aussi on les mêle aux fumiers, dont elles augmentent l'énergie.

D. Les eaux de lessives ne produisent-elles pas le même effet ?

R. Oui, les eaux de lessive et de lavage

sont des engrais très-actifs. On doit les employer avec prudence, et étendues dans une certaine quantité d'eau ; elles brûleraient les plantes, et rendraient la terre infertile.

D. N'est-il pas encore d'autres substances qui forment d'excellents engrais ?

R. Oui ; c'est le marc de raisin, enterré de suite ; ce sont les marcs des graines oléagineuses, comme les pains de chenevis, de navettes, etc. , qu'on sème après les avoir réduits en poudre.

D. Qu'appelle-t-on engrais animaux ?

R. Les engrais animaux sont les substances qui proviennent de la décomposition des matières animales, qu'on voit fermenter et se putréfier presque aussitôt la cessation de la vie.

D. Quels sont les effets de ces sortes d'engrais ?

R. Ces engrais possèdent au plus haut degré la propriété d'activer les progrès de la végétation, à cause de la grande quantité d'élémens nutritifs qui entrent dans la composition animale.

D. Quelle preuve établit ce principe ?

R. On a remarqué que le cadavre d'un cheval putréfié fertilise pendant plusieurs années les alentours de la place où il a été déposé ; et que si on enlève la terre imprégnée de ses émanations, et qu'on la répande sur la surface du sol, elle peut fertiliser un quart d'arpent, mieux que ne le feraient plusieurs voitures de fumier.

D. Quel avantage peut-on tirer de cette propriété ?

R. Un très-grand pour l'agriculture; si, au lieu de laisser se putréfier en plein air les cadavres, qui deviennent une cause d'insalubrité dangereuse, on les divise en plusieurs parties, et qu'on les enterre en différents endroits, on s'apercevra que les plantes qui croîtront aux environs, pousseront avec une incroyable activité.

D. N'existe-t-il pas des procédés pour préparer cet engrais ?

R. En voici un que nous recommandons aux cultivateurs. S'il vient à mourir un animal quelconque, on le dépouille et on le divise en plusieurs morceaux; puis on creuse une fosse assez profonde, dans laquelle on dépose un lit de paille ou de feuilles; puis un lit de chair, qu'on recouvre de 3 centimètres de chaux.

D. Que fait-on ensuite?

R. On recommence un nouveau lit de paille, de chair et de chaux, jusqu'à ce qu'il ne reste plus aucune partie de l'animal; on recouvre le tout de terre, pour éviter les émanations putrides,

D. Que devient cette préparation?

R. On la laisse fermenter pendant deux mois au moins : puis on bouleverse la fosse, on mêle les matières fermentées ; et l'année suivante on possède un excellent engrais, qu'on sème sur la terre avant de l'ensemencer.

D. Quels sont les autres engrais animaux employés en agriculture ?

R. Les autres engrais animaux, sont toutes les parties qui tiennent à l'animal, telles que la corne, le cuir, le poil, les lainages, etc. divisés en menus morceaux. Les os et le sang surtout, donnent un engrais fort actif.

D. Comment s'emploient les os ?

R. Les os s'emploient en poudre ; pour cela on les fait dessécher au feu, afin qu'ils soient plus faciles à pulvériser ; puis on les répand sur le sol, dans la proportion de 15 à 30 hectolitres par hectare. Une voiture de cet engrais, en vaut 20 du même poids, en fumier de cheval. Son influence dure cinq à six ans.

D. Quel parti tire-t-on du sang ?

R. Si le sang est liquide, on fait dessécher dans une chaudière un volume de bonne terre cinq à six fois plus considérable ; on l'arrose ensuite de ce liquide ; on a soin de bien

muer le mélange, et de ne le retirer de dessus le feu que quand il est complètement
sec.

D. Qu'en fait-on ensuite?

R. On le conserve à l'abri de l'humidité,
jusqu'au moment de le semer. Cet engrais
est le meilleur qu'on possède. Il vaut, à
poids égal, cinquante à soixante fois le fumier de cheval.

D. Comment s'emploie le sang sec et
durci?

R. On le divise et on le réduit en parties
très-minces ; on le répand sur le sol, une
petite voiture par hectare. Ces engrais, ordinairement dispendieux, ne s'emploient
que dans des cas particuliers.

D. Qu'entend-on par engrais animalisé?

R. L'engrais animalisé, nouvellement in-
venté, est formé d'un mélange de certaines
matières animales, et d'une substance charbonnée réduite en poudre fine.

D. Quelles sont ses propriétés?

R. Cet engrais, pulvérisé et mêlé
à une égale quantité de terre, opère des effets merveilleux sur toutes les récoltes. 10
hectolitres remplacent 8 à 10 voitures de
fumier ordinaire.

D. Comment se procure-t-on cet engrais?

R. On le fabrique dans les principales villes de France, où on en fait un très-grand commerce.

CHAPITRE QUATRIÈME.

Des Amendements.

—

D. Qu'entend-on par amender une terre?

R. Amender une terre, c'est l'améliorer,
c'est la rendre susceptible de produire des
récoltes en plus grande quantité et de
meilleure qualité qu'elle n'en aurait donné
sans amendements.

D. Combien distingue-t-on d'espèces d'a-
mendements?

R. On distingue trois principaux amendements : le premier a pour but de corriger
les défauts des terrains par l'emploi de terres
d'une nature différente; on le nomme amendement physique.

D. Quel est le deuxième?

R. C'est celui qui a pour objet l'usage
de principes actifs qui agissent plus particulièrement sur l'organe des plantes, comme le plâtre, les cendres, et toutes substan-

2*

ces salines; on le nomme amendement chimique.

D. Quel est le troisième ?

R. C'est celui qui agit en même temps sur les végétaux et sur les terres, tels que la chaux, la marne et les platras, etc.; il s'appelle amendement mixte.

D. L'engrais n'est-il pas un amendement ?

R. L'engrais est un amendement, mais un amendement n'est pas toujours un engrais. Le mélange et les transports des terrains, les labours, les irrigations, etc., etc., sont des amendements et non des engrais.

D. Est-il possible d'amender toutes les terres ?

R. On peut toujours amender une terre, mais dans certains cas ces améliorations deviendraient trop coûteuses. Il faut calculer les dépenses sur les produits qui doivent en résulter pour chaque sorte de terrain.

D. Toutes les terres sont-elles susceptibles des mêmes amendements ?

R. Les terres ne sont pas susceptibles des mêmes amendements; ils varient suivant l'espèce et la nature du sol.

D. Quels sont ceux qui conviennent aux terrains argileux ?

R. Les terrains argileux, dont la compacité est un obstacle aux progrès de la végéta-

tion, ont besoin qu'on diminue leur tenacité ; ce qu'on obtient en y mêlant du sable,
du gravier, de la marne calcaire ou de la
chaux, des platras ou débris de démolitions.

D. Quels avantages en résulte-t-il pour
le sol ?

R. Il s'ameublit, et devient plus accessi-
ble à l'action de l'air, de la pluie et de la
chaleur.

D. Quels avantages en résulte-t-il pour
les plantes ;

R. Elles sont non-seulement plus sensibles à l'influence de l'air, mais elles profitent encore des principes de nutrition que
leur communiquent les substances employées comme amendements.

D. Quels sont les amendements nécessaires aux terres sablonneuses ?

R. Ces terres, où l'eau ne saurait séjour-
ner long-temps, demandent à être rendues
plus consistantes ; on y parviendra si on
peut y mêler des terrains gras, de la marne
argileuse, des cendres, ou quelques faibles
doses de chaux, etc.

D. Comment doit-on amender les sols
calcaires ?

R. Il faut chercher à diminuer l'influence
de la craie. Les terres argileuses, celles qui
proviennent d'un dépôt d'eaux fangeuses
formé dans les fossés, les boues ou vases

des étangs, des mares suffisamment desséchées, produiront cet effet.

D. Comment agissent-elles?

R. Ces matières, surchargées d'argile et
d'éléments nutritifs, augmentent la couche végétale, et détruisent peu à peu l'action du calcaire sur les plantes.

D. De quelle manière fertilise-t-on les
terrains humides, marécageux, et les terrains secs et brûlants?

R. On fertilise les terrains humides et
marécageux, en y creusant des fossés plus
ou moins profonds, pour recevoir l'égout
des terres auxquelles on mêle des substances divisantes; les terrains secs et brûlants,
en y pratiquant des irrigations ou arrose-
ments s'il est possible.

D. N'existe-te-t-il pas d'autres moyens
d'amender les terres?

R. Oui; c'est par l'usage des fumiers et
engrais végétaux, comme il a été dit précé-
demment; c'est par la culture de prairies
artificielles, par des labours, et autres travaux que nous verrons dans la suite.

D. Comment s'opère le mélange de l'argile sur les sols légers ou calcaires?

R. Quand l'argile est assez sèche pour se
diviser en parties menues, on l'éparpille sur
le champ, qu'on laboure superficiellement,
et sur lequel on fait passer la herse et le

rouleau. Quelquefois on préfère l'argile brû-
lée, comme plus efficace.

D. Comment s'emploie le sable sur les
sols argileux?

R. On répand le sable sur le terrain, où
on l'enfouit ensuite à l'aide de la charrue. On
se sert avec succès du sable qui a séjourné
quelque temps dans des eaux de fumier, ou
qu'on a mêlé à la litière des bestiaux.

D. N'en fait-on usage que dans les endroits argileux?

R. On s'en sert aussi dans les terres riches en humus, qui manquent de consistance. Il les pénètre, il les soutient et les raffer-
mit.

D. Qu'appelle-t-on écobuage?

R. L'écobuage est une opération qui consiste à lever par morceaux la croûte superficielle du terrain, et à les brûler sur le sol.
C'est un excellent moyen pour rendre aux
terres épuisées leur force végétative.

D. Quel est en général l'usage de la
chaux?

R. Outre l'action puissante que la chaux
exerce sur les végétaux, elle amende :

1° Les terres sablonneuses, auxquelles
elle donne quelque consistance ;

2° Les terres humides et argileuses, dont
elle absorbe l'excès d'humidité ;

3° Les prairies froides et marécageuses,

où elle détruit les mousses et les plantes inutiles.

D. Quel usage en fait-on encore?

R. Lorsqu'on la mélange dans de justes proportions avec du fumier, de la tourbe, des boues, vases ou limons, elle leur communique une très-grande force végétative.

D. Quels sont les procédés usités pour l'emploi de la chaux?

R. Il y en a deux :

Le premier consiste à la placer au sortir du four sur le sol, jusqu'à ce qu'elle soit réduite en poudre par son exposition en plein air, et à la répandre en plus ou moins grande quantité, selon la nature du terrain.

D. Quel est le deuxième procédé?

R. On recouvre la chaux de terre. On remplit les crevasses qu'elle forme en se fusant ; et, lorsqu'elle est réduite en poudre, on mêle le tout ensemble, et on l'éparpille sur le terrain.

D. Qu'appelle-t-on compost?

R. On appelle compost un mélange de terre et de chaux, qui a les avantages des chaulages, sans en avoir les inconvénients.

D. Comment fait-on ces composts?

R. On forme un premier lit de terre humide ou gazon, de 50 centimètres d'épaisseur, 2 mètres de largeur et 3 de longueur. On y répand un hectolitre de chaux, et on

recommence ainsi plusieurs couches de terre
et de chaux.

D. Que fait-on ensuite?

R. Huit jours après on remue le compost,
on le coupe, on le recoupe, et lorsque le mélange est complet, on l'emploie en plus ou
moins grande partie, selon la qualité du
sol.

D. Quelle est la dose et la durée des
chaulages?

R. Dans certains départements, on met
tous les dix ans 30 hectolitres de chaux par
hectare; dans d'autres, on en emploie 10
hectolitres tous les trois ans, ce qui fait la
même quantité.

D. Quels soins exigent les sols chaulés?

R. Ils demandent des soins particuliers,
surtout les sols légers et sablonneux; ils
exigent de temps en temps des engrais pour
réparer les pertes qu'ils ont faites, autrement ils finiraient par s'épuiser.

D. Quel est l'effet de la marne?

R. La marne agit sur les plantes comme
la chaux, et comme elle, elle ameublit les
terrains.

D. Combien distingue-t-on de marnes?

R. Deux principales: la marne argileuse,
qui convient aux terres calcaires et sablonneuses; la marne calcaire, qui convient aux
terres argileuses. C'est la substance domi-

nante qui en détermine le nom et la propriété.

D. En quel état se présente la marne?

R. La marne est tantôt dure comme la
pierre, tantôt tendre, friable, et susceptible
de se pulvériser sous l'influence de l'air. Sa
couleur est blanche, jaune, verdâtre, grise,
etc., selon les lieux d'où on l'extrait?

D. Où se trouve-t-elle?

R. On ne saurait trop préciser l'endroit;
c'est tantôt sur les montagnes et les collines,
tantôt dans les plaines et les bas-fonds : elle
se rencontre quelquefois sous la couche végétale; souvent on fait pour la découvrir
des fouilles très-profondes.

D. A quoi reconnaît-on la présence de
la marne?

R. Lorsqu'on suppose qu'une terre en
contient, on en prend un morceau de la
grosseur d'une noix, qu'on met dans un
verre d'eau mêlée de vinaigre; et si on la
voit bouillonner, c'est une preuve qu'elle
est marneuse.

D. Comment emploie-t-on cet amendement?

R. Quand la marne a été extraite, on la
laisse exposée à l'air jusqu'à ce qu'elle se
soit pulvérisée, ou qu'elle soit débarrassée
de ses parties aqueuses; on la transporte
ensuite sur le terrain en petits tas, et quand

elle est bien sèche, on l'épand avec une pelle le plus régulièrement possible.

D. Que fait-on ensuite?

R. On l'enterre par un labour superficiel pendant un jour de beau temps. Souvent on la mélange, comme la chaux, avec du fumier, du terreau, ou des gazons; on l'épand de la même manière, et quelquefoi même sur les récoltes.

D. Quelle dose de marne faut-il donner au sol?

R. Elle dépend de la nature des terres, et de la qualité de la marne; elle varie ordinairement dans la proportion de cent à deux cents mètres cubes par hectare.

D. Quelle est la durée de la marne?

R. Dans certains départements, le sol reçoit des marnages fonciers tous les vingt ans, dans d'autres tous les dix ans; il serait peut-être plus convenable de lui en donner tous les trois ou quatre ans un plus léger et proportionnel à ses besoins.

D. La marne n'épuise-t-elle pas le terrain?

R. La marne épuise le terrain, quand la dose est trop forte, surtout si c'est un terrain léger, auquel on n'ait pas rendu par des engrais ce que lui ont enlevé les récoltes qu'il a produites.

3

D. La marne dispense-t-elle du fumier?

R. La marne ne dispense pas du fumier; mais il en faut beaucoup moins, attendu qu'elle double son action. C'est à l'emploi raisonné de la marne et des engrais que la Flandre, la Normandie, la Sarthe, etc., doivent la richesse de leurs produits agricoles.

D. Quel est l'effet des platras ou débris de démolitions?

R. Les platras ont sur la végétation une puissance très-active que leur donnent les sels dont ils sont formés; ils ameublissent parfaitement les sols argileux, avec lesquels on les mélange.

D. Comment faut-il s'en servir?

R. Ces amendements précieux demandent à être répandus sur une terre sèche, et enterrés profondément par un beau temps ; leur durée est quelquefois de quinze ans.

D. A quoi attribue-t-on les effets du plâtre, des cendres et des matières salines?

R. Les effets du plâtre, des cendres et des matières salines sont dus à leur propriété de stimuler les organes des plantes, qu'elles disposent à absorber une plus grande por tion d'éléments nutritifs.

D. Comment s'emploie le plâtre?

R. On fait ordinairement cuire le plâtre;

puis on le répand en poudre très-fine sur les végétaux, à l'instant où les feuilles couvrent le sol, au moment d'une légère pluie ou d'une forte rosée.

D. Que devient le plâtre une fois répandu?

R. Certaines parties pulvérisées sont dissoutes et s'infiltrent par les canaux séveux dans l'intérieur des plantes; celles qui n'ont pu se dissoudre s'attachent aux racines, où elles absorbent l'excès d'humidité qui est dans la terre, pour la leur rendre quand il y a excès de sécheresse.

D. Dans quelle circonstance faut-il en faire usage?

R. Le plâtre s'emploie dans les terrains composés d'argile et de sable plutôt que sur les sols calcaires; il convient dans les prairies sèches, sur les luzernes, les trèfles, les sainfoins, les fèves, pois, vesces, et en général avec toutes les légumineuses, dont il double les productions.

D. Dans quelle proportion doit-on le semer?

R. Sa dose varie de 100 à 150 kilogrammes par hectare, selon la nature du sol. Quelquefois une dose beaucoup moins forte produit des effets aussi sensibles.

D. Quelle est la durée de cet amendement?

R. Il faut user avec réserve de cette espèce d'amendement, et l'alterner avec des engrais. Quelques cultivateurs plâtrent tous les trois ou quatre ans; d'autres plus souvent; mais beaucoup plus légèrement.

D. Comment emploie-t-on les cendres?

R. On sème les cendres avant le labour des semailles. On les laisse sécher 24 heures sur le sol, si le temps est beau ; on jette ensuite la semence, qu'on recouvre superficiellement avec la charrue. Quelquefois même on les répand sur les récoltes sans les recouvrir.

D. Dans quelle culture doit-on s'en servir?

R. Dans toutes en général; on s'en sert au printemps sur les prairies naturelles et artificielles; ensuite pour la semaille des orges et des avoines; dans l'été, elles fécondent les navettes et les sarrazins, etc.; en automne on les sème avec les fromentset les seigles.

D. Quelle est la dose des cendres?

R. La dose ordinaire des cendres, employées comme amendement, est de 25 à 30 hectolitres par hectare. On la diminue dans les terres légères, auxquelles elles donnent de la consistance, et on l'augmente dans les sols argileux et humides, qu'elles divisent. Il est nécessaire que les terrains soient un peu séchés, autrement l'action des cendres serait nulle.

D. Faut-il préférer les cendres lessivées aux cendres vives ?

R. Dans la pratique, on donne la préférence aux cendres lessivées ; cependant il est des terrains qui ont plus besoin de substances salines, et avec lesquelles les cendres vives sont préférables.

D. Quelles sont, outre les cendres de bois, celles dont on fait usage en agriculture ?

R. Les cendres de tourbe et de houille, quand elles sont sèches, s'emploient en engrais superficiels ou enterrés, environ 40 hectolitres par hectare ; dans ce dernier cas, la dose doit être plus forte. Mêlées au fumier, elles forment un excellent amendement.

D. Quelles sont les substances salines usitées comme amendement ?

R. Les substances salines usitées comme amendement sont : 1° le sel marin, qu'on trouve sur les bords de la mer, ou dans des mines abondantes ; 2° le sulfate de soude, qu'on vend à très-bas prix ; 3° le salpêtre, qui convient particulièrement aux terrains calcaires.

CHAPITRE CINQUIÈME.

Des Labours.

—

D. Qu'entend-on par labours?

R. Les labours sont des amendements qui ont pour but : 1° d'enfouir les mauvaises herbes ; 2° de mêler les engrais à la masse du sol ; 3° d'enterrer les semences ; 4° de remuer la couche végétale, pour y faciliter l'extension des racines, et l'exposer à l'influence de l'atmosphère.

D. Quelles sont les conditions d'un bon labour ?

R. Pour obtenir un bon labour, il faut que la terre soit parfaitement mélangée ; que la couche inférieure soit ramenée à la surface, et la couche supérieure entraînée au fond du sillon.

D. Qu'appelle-t-on défoncements ?

R. Les défoncements sont des labours plus profonds qu'à l'ordinaire, qui atteignent le sous-sol.

D. Quelle en est l'utilité?

R. Les défoncements favorisent les progrès de la végétation, en augmentant la portion de terre végétale; ils corrigent les défauts d'un terrain argileux ou marneux, en y mêlant en petite quantité le sable ou l'argile qui forme le sous-sol.

D. Quelles précautions exigent ces amendements?

R. Il faut que ces amendements s'opèrent progressivement, d'année en année, pour donner à la terre provenant du soussol le temps de s'améliorer sans nuire aux récoltes.

D. Quel inconvénient résulterait d'un défoncement absolu?

R. On dénaturerait le sol en y introduisant tout d'un coup une trop forte couche de terre impropre à la végétation. Les produits seraient moins abondants, jusqu'à ce que, par l'effet des engrais et par l'action de l'air, elle fût convertie en terre végétale.

D. Qu'entend-on par défrichements?

R. Les défrichements sont des labours qui consistent à convertir en terre labourée, un terrain qui est en pâture, en prairie, ou en bois.

D. Comment divise-t-on les labours?

R. On divise les labours en deux classes; ceux qui ont pour but la préparation des

terres aux semailles, et ceux qui ont pour
objet l'entretien des terres emblavées.

D. Comment se nomment les premiers?

R. On les distingue par les noms de 1ᵉʳ,
2ᵉ, 3ᵉ, 4ᵉ, etc., labours, selon qu'ils sont
faits en 1ᵉʳ, 2ᵉ, 3ᵉ, 4ᵉ, etc., lieu.

D. Quelle doit être la profondeur des
labours?

R. La profondeur des labours, en général, dépend de la couche végétale qui
repose sur le sous-sol, qu'on peut même
atteindre en certaines circonstances.

D. Quelle règle faut-il suivre à cet
égard?

R. Les premiers labours, ceux qui suivent les récoltes, doivent être aussi profonds que le permet le sol; les seconds, surtout ceux qui servent à enfouir les engrais,
le seront un peu moins; enfin ceux des semailles varieront selon la nature des terres
et des produits.

D. Comment cela?

R. Dans les terres fortes et humides, où
les semences lèvent plus difficilement, ils
devront être moins profonds que dans les
terres sèches et légères. Ils seront également plus superficiels pour les céréales que
pour les plantes à racines pivotantes qui pénètrent plus profondément dans le sol.

D. Quel est le nombre de labours nécessaires aux terrains ?

R. Le nombre des labours varie également selon leur espèce, la culture qu'on
leur destine, et l'état de l'atmosphère pendant et après ces labours.

D. Combien en demandent les sols humides et argileux?

R. Il faut multiplier les labours dans les
sols humides et argileux, d'autant plus qu'en
raison de leur extrême ténacité, ils ont plus
besoin d'être divisés. Trois, quatre, quelquefois cinq sont indispensables.

D. Combien en faut-il donner aux terrains secs, légers et sablonneux?

R. Il en faut donner un moins grand
nombre, pour ne pas exposer à l'évaporisa-
tion de l'air et du soleil les sucs qu'ils contiennent ; deux ou trois leur suffisent.

D. Quelle est l'époque la plus favorable
aux premiers labours?

R. Les labours les plus avantageux pour
toute espèce de sols comme pour les défrichements, sont ceux qui ont lieu peu de
temps après qu'ils ont été dépouillés de leur
récolte. C'est ordinairement vers la fin de
l'été.

D. Pour quel motif?

R. Parce qu'alors on enfouit les mau-

3*

vaises herbes, le chaume et les débris végétaux, qui forment un bon engrais.

D. Pourquoi encore?

R. Parce qu'après ce labour, la terre
présente à l'atmosphère une surface plus
facile à pénétrer que la croûte imperméable
dont elle était couverte.

D. A quel moment se donnent les seconds labours?

R. Si les premiers labours ont eu lieu en
août ou septembre, les seconds doivent être
donnés en février ou mars; si on attend cette
époque pour les premiers, les seconds viennent un mois, six semaines après; ce qui est
moins profitable.

D. Quand donne-t-on les autres labours?

R. Les autres labours se font ordinairement au milieu du printemps, ou quelque
temps avant les semailles, lorsqu'on enterre
les engrais.

D. Dans quels cas emploie-t-on les labours d'été?

R. Les labours d'été se donnent lorsqu'a-
près une récolte il s'agit de préparer immédiatement une terre à une nouvelle culture,
ou d'enfouir les mauvaises herbes qui couvrent une jachère d'été.

D. Combien y a-t-il d'espèces de labours
en agriculture?

R. Il y a deux espèces de labours

que l'homme exécute : 1° avec ses propres forces ; 2° à l'aide de forces étrangères, les bœufs, les chevaux, etc.

D. Que penser des premiers ?

R. Les labours faits par la seule force de l'homme sont bons et très-divisants, mais ils ne doivent être usités que dans des cultures très-bornées, à cause des dépenses qu'ils occasioneraient.

D. Quel est l'avantage des seconds ?

R. Les labours donnés au moyen de charrues, et à l'aide de chevaux, de bœufs, etc., s'appliquent généralement à la culture de toutes sortes de terrains, et sont beaucoup moins dispendieux.

D. Que doit-on considérer dans l'opération du labour ?

R. On doit considérer dans l'opération du labour deux choses principales : 1° la largeur de la bande de terrain que doit soulever le soc ; 2° la profondeur qu'il faut lui donner.

D. Quel est le rapport de la largeur à la profondeur de la bande ?

R. Les agriculteurs ne sont pas d'accord sur ce point : les uns veulent qu'il soit dans la proportion de 2 à 3, c'est-à-dire que si la largeur est de 0, 12 centimètres, la profondeur soit de 0^m 18 ; d'autres prétendent absolument le contraire.

D. Quelle opinion peut-on suivre?

R. L'une et l'autre, selon la nature du terrain. Plus il est compacte, moins la bande doit être large, et plus elle doit être profonde. Plus, dans un terrain léger, la bande est large, moins elle exige de profondeur.

D. Quelle est la mesure générale de la bande?

R. Dans les terres fortes, la bande doit être de $0^m 16$ de largeur, et de $0^m 24$ dans les terres légères.

D. Dans quel sens s'opère le labour sur un terrain incliné?

R. Sur un terrain incliné le labour se fait ordinairement dans le sens de son inclinaison, lorsqu'elle est peu sensible; on favorise ainsi l'écoulement de l'excès des eaux qui nuiraient aux récoltes.

D. Que fait on quand l'inclinaison est plus forte?

R. Quand l'inclinaison est très-sensible, on laboure en travers si la dimension du champ le permet; c'est le seul moyen d'y retenir les terres et les engrais, qui autrement seraient emportés par les pluies abondantes, sans pénétrer le sol.

D. Les labours croisés ne sont-ils usités que dans ce cas?

R. Les labours croisés s'emploient encore dans plusieurs circonstances, surtout après un défrichement ; ils déracinent les plantes inutiles et produisent d'excellents effets.

D. Combien y a-t-il de manières de labourer ?

R. Deux ; on laboure soit à plat, soit en billons.

D. Qu'entend-on par labourer à plat ?

R. Labourer à plat c'est disposer le terrain par planches de 30 à 40 bandes versées les unes sur les autres, de manière à former dans leur ensemble une surface unie.

D. Qu'appelle-t-on billons ?

R. Les billons sont des espèces de planches parallèles beaucoup moins larges que les premières, séparées par des raies également profondes, et présentant une surface plus ou moins bombée.

D. Lequel des deux labours est préférable ?

R. Ils sont également bons l'un et l'autre ; le premier dans les terrains secs et sablonneux, les autres dans les terrains humides et argileux.

D. Quel est l'avantage des planches ?

R. Les bandes versées les unes sur les autres conservent entre elles l'humidité nécessaire à la végétation dans les sols trop légers.

D. Quel est l'avantage des billons ?

R. Pendant la saison pluvieuse, les raies

qui les séparent sont comme autant de petits canaux où s'égoutte l'excès d'humidité. Par la chaleur, au contraire, ils facilitent la circulation de l'air, qui vient activer la force végétative.

D. Quelles sont les façons que nécessite l'entretien des terres emblavées?

R. Ce sont celles qui ont pour but : 1° d'ameublir la couche supérieure du sol pour faire profiter les plantes de l'influence atmosphérique ; 2° de détruire une foule de mauvaises herbes qui nuisent à leur accroissement.

D. Comment se nomment ces façons?

R. Ce sont les hersages et les roulages, les binages et les sarclages.

D. En quoi consistent les opérations du hersage et du roulage?

R. Le hersage et le roulage consistent à faire passer tantôt la herse et tantôt le rouleau sur les produits végétaux au moment où ils garnissent bien le sol.

D. Quel est l'effet de ce travail?

R. Lorsqu'il est exécuté par un temps convenable, c'est-à-dire ni trop sec ni trop humide, la herse écrase les mottes de terre, divise la croûte superficielle du sol, recouvre les plantes, qui poussent ensuite de nouveaux rejets.

D. A quel moment se fait cette opération?

R. Le hersage a lieu selon la culture;
pour les seigles et le blé, c'est après l'hiver;
dans le courant de mai, pour l'avoine et
l'orge; à des époques également détermi-
nées pour les autres plantes, et toujours avant
qu'elles aient acquis un certain développement.

D. Que produit le hersage sur les prairies?

R. Le hersage déracine les mousses, fa-
çonne le gazon, le rend plus sensible à l'action de l'atmos hère, le ranime et lui donne
une nouvelle vigueur. Dans les prairies artificielles, surtout au printemps, il opère des
effets merveilleux.

D. Qu'appelle-t-on binages?

R. Les binages sont les façons qui ont
pour but de favoriser le développement de
toutes les cultures végétales.

D. Quelles sont celles qui profitent le
plus de cet amendement?

R. Ce sont celles qui sont disposées en
rayons, telles que les pommes de terre, les
betteraves, les choux, les haricots, etc.

D. Quel soin exigent ces travaux?

R. Les premiers binages demandent une
certaine précaution. Les plantes étant encore faibles, leurs racines délicates, il faut

remuer légèrement le sol, et prendre garde
de les endommager.

D. Comment se donnent les seconds binages?

R. Les seconds binages sont pour l'ordinaire plus complets que les premiers; les
végétaux étant plus forts, sont plus capables
de résister à ces opérations; ils ont aussi
besoin d'une nourriture plus abondante, et
demandent des binages plus profonds.

D. Qu'entend-on par buttages?

R. Les buttages sont des travaux de seconds binages qui consistent à rassembler
aux pieds des végétaux une butte de terre
pour mieux entretenir la racine. Les buttages sont particulièrement destinés aux végétaux disposés en rayons, et s'exécutent à
la main ou à la charrue.

D. Les binages s'appliquent-ils aussi aux
céréales?

R. On bine peu les céréales non en lignes,
à cause du danger que présenterait cette
opération pour les jeunes plantes. Cependant elle aurait une grande influence sur
la qualité et l'abondance des récoltes.

D. En quoi consiste le sarclage?

R. Le sarclage consiste à détruire sur
toutes les cultures en général, et sur les céréales en particulier, les mauvaises herbes
qui nuisent aux progrès de la végétation.

D. Quel soin demande-t-il?

R. Les sarcleurs doivent prendre toutes les précautions nécessaires pour ne pas fouler les jeunes plantes, et pour ne pas les déraciner en arrachant les végétaux inutiles.

D. Quelle est l'époque du sarclage?

R. L'époque du sarclage dépend de la nature des récoltes; toutefois il faut éviter un temps où la terre est humide, ne pas attendre que les mauvaises herbes soient en fleur, ni, à plus forte raison, qu'elles soient en graine.

D. Comment parvient-on à détruire les mauvaises herbes sur un terrain?

R. On parvient à détruire les mauvaises herbes en semant sur ce terrain des prairies artificielles qui les étouffent, ou en y introduisant la culture de plantes en rayons, qui demandent de fréquents binages.

CHAPITRE SIXIÈME. (1)

Des Instruments aratoires.

—

D. Qu'entend-on par instruments aratoires?

R. Les instruments aratoires sont des machines qui servent aux différentes opérations de labourage qu'exige la culture des terres.

D. Quelles sont ces machines?

R. Les principales sont : la charrue, la houe à cheval ou extirpateur, le scarificateur, la herse, le rouleau, la houe à main, le sarcloir, la binette, la bêche, etc.

D. Qu'est-ce que la charrue?

R. La charrue est le plus utile de tous les instruments, c'est aussi le plus généralement répandu; on le rencontre partout, mais sous des formes différentes.

---

(1) Pour l'intelligence de ce chapitre, il est indispensable d'étudier préalablement les explications qui accompagnent les instruments aratoires. (*Voir à la fin du volume.*)

D. Pourquoi toutes les charrues ne sont-elles pas partout les mêmes?

R. Les charrues étant destinées à ouvrir le sol, doivent varier selon sa nature, et être proportionnées à sa légèreté ou à sa ténacité, à la puissance de l'attelage et à la force du conducteur.

D. Pourquoi voit-on souvent la même charrue dans des terrains différents?

R. C'est parce que les cultivateurs n'ont pas encore renoncé à leur ancien système de culture. Un grand nombre cependant ont déjà adopté le nouveau, à cause des avantages qu'il procure.

D. Combien distingue-t-on de sortes de charrues?

R. On peut ranger les charrues en deux classes, les simples et les composées.

D. Qu'appelle-t-on charrue simple?

R. La charrue simple, autrement dite araire, n'a pas d'avant-train ; elle est composée : 1° du manche simple ou double; 2° du versoir ou oreille; 3° du sep; 4° de l'âge; 5° du soc; 6° du coutre; etc.

D. Combien y a-t-il de sortes d'araires?

R. Il y a trois sortes d'araires ; les araires à versoir fixe, à versoir mobile, à double versoir,

D. Qu'est-ce que l'araire à versoir mobile?

R. L'araire à versoir mobile ne diffère de l'araire à versoir fixe qu'en ce qu'on a la faculté de changer de côté l'oreille à chaque sillon, et qu'on peut ainsi verser les bandes dans le même sens.

D. Qu'est-ce que l'araire à double versoir?

R. L'araire à double versoir porte de chaque côté du sep deux oreilles plus petites qu'à l'ordinaire; elle sert à enterrer les engrais, à butter les cultures en rayon.

D. Quelle différence y a-t-il encore entre les araires?

R. Toutes les araires sont construites à peu près d'après les mêmes principes. Elles diffèrent quelquefois dans la disposition de leurs parties et dans la forme du soc.

D. Combien y a-t-il d'espèces de socs?

R. Il y a deux espèces de socs; le soc triangulaire à ailes tranchantes, à pointe plus ou moins allongée; il convient aux araires à versoir mobile et à double versoir.

D. Quelle est la forme de l'autre espèce de soc?

R. Il n'a qu'une aile également tranchante et placée à droite du sep, auquel il est adapté, et avec lequel il forme une ligne droite du côté opposé au versoir. Il convient aux araires à oreille fixe.

D. Quels sont les avantages de l'araire ?

R. Cette machine oppose moins de résistance ; elle demande moins de force dans l'attelage, et moins d'efforts de la part du conducteur. Deux bœufs ou un cheval suffisent pour la conduire.

D. Dans quels terrains s'emploie-t-elle ?

R. L'araire s'emploie dans toutes sortes de terrains, légers ou argileux, secs ou humides. Elle sert aussi à biner les plantes disposées en rayons, ainsi que les plantations, dont elle permet d'approcher sans les endommager.

D. Comment fonctionne l'araire ?

R. L'araire, comme la charrue composée, est mise en mouvement par l'attelage, et dirigée par le laboureur à l'aide du manche. Le coutre divise la bande de terrain que soulève le soc et que retourne l'oreille.

D. Quel est le travail du laboureur ?

R. Le laboureur, selon qu'il veut prendre une bande plus ou moins large, doit incliner plus ou moins sa charrue vers la droite, et maintenir le manche de manière à tracer des sillons réguliers.

D. Comment détermine-t-on la profondeur des labours ?

R. La profondeur du sillon dépend de l'ouverture de l'angle que fait avec le terrain une ligne imaginaire tirée du point de l'âge où est fixée la puissance et passant par le talon du sep. Il faut diminuer ou agrandir cet angle, selon qu'on veut avoir un sillon plus ou moins profond.

D. Comment s'y prend-on ?

R. Il suffit de faire tirer les chevaux sur un point de l'âge, plus ou moins rapproché du coutre ; pour cela on les attelle soit à des anneaux ou crochets en fer fixés à l'âge , soit à une chaîne qui embrasse l'âge par un collet, où il est retenu par une cheville en fer, qu'on avance ou qu'on recule à volonté.

D. Qu'arrive-t-il alors ?

R. Quand la puissance de l'attelage part d'un endroit voisin du coutre, il fait remonter l'âge; l'angle s'ouvre, le soc tend à sortir de terre, le labour est alors moins profond.

D. Qu'arrive-t-il dans le cas contraire ?

R. Quand l'attelage tire d'un point plus éloigné du coutre, il fait baisser l'âge ; l'angle diminue, le soc tend à pénétrer dans le sol ; le sillon est plus profond.

D. Cette machine n'a-t-elle pas été perfectionnée ?

R. Oui ; on y a ajouté des roues, et fixé le point d'attache au bout de l'âge à un régulateur qu'on abaisse ou qu'on élève, selon qu'on veut diminuer ou agrandir l'angle.

D. Quels sont les meilleurs instruments en ce genre ?

R. Les principaux sont les araires de MM. Machet, Dombasle, Aubert, Rosé, qui y ont apporté d'utiles modifications.

D. Qu'entend-on par charrue composée?

R. La charrue composée est celle qui présente une certaine complication dans les différentes pièces dont elle est formée. Ses parties principales sont l'avant-train et l'arrière-train.

D. Quelles sont les parties de l'arrière-train?

R. Les parties de l'arrière-train sont, comme dans l'araire, le soc, le coutre, le versoir, l'âge, le sep, le manche, qui est toujours double. Ces parties varient quelquefois dans leur disposition et la forme qu'on leur donne.

D. Quelle est la forme de ces pièces dans les charrues ordinaires?

R. Dans les charrues ordinaires, le versoir est légèrement contourné, et présente en son milieu une surface un peu concave; le coutre est plus rapproché du soc, auquel il est quelquefois attaché.

D. Quelles sont les parties de l'avant-train?

R. L'avant-train se compose de deux roues : sur l'essieu sont appuyés verticalement la sellette, et horizontalement le tétard, maintenu dans cette position par une chaînette qui tient à l'âge. A l'extrémité du tétard est placé l'épart, auquel sont attachés les palonniers où est fixé l'attelage.

D. Comment l'arrière-train tient-il à l'avant train ?

R. L'arrière-train tient à l'avant-train au moyen d'une chaîne terminée par un collet qui embrasse l'âge, où il est retenu par une cheville ou des crochets en fer.

D. Comment détermine-t-on la profondeur du sillon ?

R. On détermine la profondeur du sillon en avançant ou en reculant le collet, pour diminuer ou augmenter l'angle formé par le sol et la ligne qui va du talon du sep au point de l'âge d'où tirent les chevaux.

D. Combien reconnaît-on d'espèces de charrues ?

R. On distingue plusieurs espèces de charrues ; les principales sont : la charrue de Brie, la charrue Champenoise, la charrue Grangé, la charrue Dombasle, etc.

D. En quoi consiste la charrue de Brie ?

R. La charrue de Brie ne diffère de la charrue ordinaire qu'en ce que le coutre n'est point adhérent au soc, dont l'aile tranchante s'allonge en pointe plus ou moins ai-

guë; le versoir est un peu plus contourné.
Elle est d'une construction plus solide.

D. Quel est l'usage de cette charrue?

R. La charrue de Brie convient dans les
terrains forts et argileux; dans les défrichements, elle permet de creuser des sillons
plus ou moins profonds, selon le besoin de
la culture.

D. Qu'appelle-t-on charrue Champenoise?

R. La charrue Champenoise a beaucoup
de rapport avec la charrue ordinaire. La
plus grande différence consiste dans la disposition du versoir et dans l'inégalité des
roues.

D. Pourquoi cette inégalité?

R. Parce que, lorsqu'on laboure en billons, qu'une roue est sur un billon, et l'autre
au fond de la raie, la charrue est plus facile
à maintenir, et court moins risque d'être
culbutée.

D. Qu'est-ce que la charrue Grangé?

R. Cette charrue, qui porte le nom de
son auteur, présente dans sa construction
quelques pièces de plus que les charrues ordinaires.

D. Quelles sont ces pièces?

R. Ces pièces sont deux leviers, l'un su-
périeur, l'autre inférieur. Le levier supé-
rieur, appuyé sur deux montants, sert au

4

cultivateur qui pèse sur l'extrémité à soulever le soc de la charrue pour l'empêcher de toucher à terre lorsqu'il tourne à chaque sillon.

D. A quoi sert le levier inférieur ¿

R. Ce levier, fixé par un bout au têtard, est attaché par l'autre bout au manche, de manière à serrer fortement l'essieu, sous lequel il passe.

D. Qu'en résulte-t-il ?

R. Quand la charrue est en mouvement, le têtard remonte et tend à faire remonter le levier en son extrémité, en vertu d'une force qui, se communiquant à l'extrémité opposée, appuie sur le manche, et le retient dans la position où il se trouve.

D. Quel est l'avantage de cette charrue?

R. Dans cette charrue la résistance de l'avant-train est convertie en une puissance qui diminue de beaucoup les efforts du conducteur pour diriger l'arrière-train, et maintenir le soc dans sa position naturelle.

D. Quels en sont les inconvénients?

R. Cette charrue, qui peut en quelque sorte fonctionner seule, est bonne dans les plaines et dans les terres fortes ; mais dans les endroits sinueux, sur les sols légers, elle a besoin d'être dirigée comme les autres.

D. Qu'est-ce que la charrue Dombasle?

R. La charrue Dombasle, construite sur le même plan que la charrue Grangé, est devenue, avec quelques heureuses modifications dues à M. de Dombasle, supérieure à celles qui l'ont précédée; ces charrues conviennent surtout dans de grandes exploitations.

D. Qu'appelle-t-on charrues à versoirs fixe, mobile, et double.

R. Comme dans l'araire, le versoir fixe reste toujours placé à droite du sep; le versoir mobile se met tantôt à droite, tantôt à gauche; le versoir double consiste en deux petites oreilles placées de chaque côté.

D. Quelle est l'utilité de la charrue à oreille mobile?

R. La charrue à oreille mobile convient dans les côteaux d'une facile culture; quand on laboure en planches, le laboureur qui entame une pièce la continue du même côté, sans être obligé de faire un grand tour pour aller d'un sillon à l'autre.

D. Quel est l'avantage de la charrue à double versoir?

R. Elle ne diffère de l'araire à double versoir que par l'avant-train; son usage est à peu près le même; elle sert à biner, à butter les récoltes sarclées, et à enfouir les engrais,

D. Qu'entend-on par charrue à deux socs?

R. Les charrues à deux socs servent ou à former simultanément deux raies, ou à creuser un seul sillon, plus profond qu'à l'ordinaire.

D. Comment sont construites les charrues à deux raies?

R. La charrue à deux raies est composée de la partie principale de l'arrière-train de deux charrues ordinaires placées de côté, l'une un peu avant l'autre. La première, dont le manche sert à la direction de la machine, est fixée à l'âge de la deuxième, qui est soumise au manche de la première.

D. Comment est construite l'autre charrue à deux socs?

R. Les versoirs, les seps, les socs, sont à peu près les mêmes que dans les charrues communes; ils sont adaptés à la suite l'un de l'autre au même âge, où ils sont tenus par de fortes chevilles en fer. Les pièces de devant sont moins fortes que celles de derrière.

D. Quels sont ses avantages?

R. Cette charrue à deux socs est destinée aux sols où la couche d'humus est profonde; elle convient parfaitement aux opérations de défoncement.

D. Qu'est-ce que l'extirpateur?

R. L'extirpateur, autrement dit houe à cheval, est formé d'un certain nombre de lames tranchantes et triangulaires, adaptées à un appareil en bois soutenu par une roue.

D. Comment fonctionne cette machine?

R. L'extirpateur est traîné par un cheval et dirigé par un conducteur qui, au moyen du manche dont est pourvu l'instrument, lui imprime le degré de pression nécessaire.

D. Quel est son usage?

R. La houe à cheval sert dans les labours superficiels, pour enterrer certaines graines, et pour donner aux cultures des binages peu profonds.

D. Qu'est-ce que la herse?

R. La herse est une espèce de châssis triangulaire ou carré, armé de dents en fer ou en bois, disposé horizontalement sur le terrain, où on le fait conduire par un cheval.

D. A quoi sert la herse?

R. La herse, selon qu'elle est traînée sur le dos ou sur les dents, sert à enfouir des graines fines, ou à émietter la terre, à biner certaines récoltes, et à rajeunir les prairies artificielles.

D. Qu'est-ce que le scarificateur?

R. Le scarificateur est un instrument en

4*

forme d'araire, dont le soc, le versoir, etc.,
sont remplacés par un plateau carré ou triangulaire armé de dents plus grandes et plus
tranchantes que celles de la herse.

D. Quelle est l'utilité de cet instrument?

R. Le scarificateur sert à diviser les parties compactes d'un terrain argileux où l'on
veut ménager un labour. Il convient dans
une terre nouvellement défrichée, pour
couper les plantes à racines traçantes ; dans
les binages on l'emploie aussi fréquemment
que la houe à cheval.

D. Qu'appelle-t-on rouleau ?

R. Le rouleau est un cylindre en bois
dur et pesant, quelquefois en fonte, traversé
par un axe de fer, roulant dans un cadre ou
à l'extrémité d'un brancard.

D. Quel est son usage?

R. Le rouleau, traîné sur la terre fraîchement labourée, écrase les mottes, enfouit
les graines nouvellement semées ; il produit
aussi de bons effets sur certaines cultures,
et principalement sur les céréales, au moment où elles commencent à garnir la terre.

D. Qu'est-ce que la houe à main ?

R. La houe à main est un instrument de
fer plus ou moins recourbé, dont la lame
tranchante est carrée, ronde, triangulaire,
à deux ou à trois dents.

D. A quoi servent ces différentes sortes de houes?

R. La houe carrée sert à quelques labours superficiels ; la houe ronde à butter certaines plantes ; la houe triangulaire sert dans les terres graveleuses, et particulièrement dans les vignes; enfin celle à deux ou trois dents, est employée dans les jardins pour remuer la terre après de fortes pluies.

D. Qu'appelle-t-on binette?

R. La binette est un instrument qu'on emploie pour donner à quelques cultures des façons d'entretien. Sa forme varie selon sa destination. Elle sert particulièrement à biner les céréales et les plantes non en lignes.

D. Qu'est-ce que le sarcloir?

R. Le sarcloir est une petite lame tranchante, ajustée à un manche assez long, et destinée à couper, dans la racine, les herbes nuisibles aux récoltes.

D. Quels sont les autres instruments aratoires?

R. Les autres instruments aratoires sont la pioche et le pic, etc., employés dans les binages et dans les opérations de défoncement.

D. Qu'est-ce que la bêche?

R. La bêche est un instrument en forme de pelle qui sert aux travaux de jardinage et quelquefois dans une culture peu étendue. Les labours qu'elle exécute sont préférables à ceux de la charrue; il est à regretter qu'ils occasionent trop de frais.

CHAPITRE SEPTIÈME.

Jachère et Assolement.

—

D. Qu'entend-on par jachère?

R. La jachère est le repos qu'on juge nécessaire à la terre pour réparer, après une ou plusieurs récoltes, l'épuisement prétendu de sa force productive.

D. Quels sont les avantages de la jachère?

R. La jachère non-seulement ameublit le sol, en exposant successivement par le labour les parties de la couche végétale au contact de l'atmosphère, mais elle détruit encore toutes les mauvaises herbes nuisibles aux cultures.

D. Quels en sont les inconvénients?

R. Cet usage, qui après une ou deux récoltes, condamne la terre à l'improduction pendant un an, est ruineux pour le propriétaire, qui se trouve ainsi privé de ses productions tout en consacrant ses soins à son ameublissement.

D. Que doit-on faire dans ce cas?

R. Il faut adopter un système de culture qui ait les avantages de la jachère sans en avoir les inconvénients.

D. Comment établir ce système ?

R. C'est en variant autant que possible les produits agricoles sur le même terrain, et en évitant le retour trop fréquent de ceux qui sont de nature à l'épuiser.

D. Pourquoi cela?

R. Parce que les végétaux, selon leurs espèces, y puisent les différents éléments nécessaires à leur nutrition; les uns plus, les autres moins; quelques-uns même lui en rendent plus qu'ils n'en reçoivent : de là deux sortes de récoltes, les récoltes épuisantes, les récoltes améliorantes.

D. Comment peut-on utilement supprimer la jachère?

R. On supprime la jachère en faisant succéder les cultures améliorantes aux cultures épuisantes, en donnant aux terres des labours, des engrais convenables; en un mot, en adoptant un bon système d'assolement.

D. Qu'entend-on par assolement?

R. On entend par assolement le changement alternatif de culture que l'on fait subir aux terrains pour en tirer chaque année le produit le plus net et le plus avantageux.

D. Sur quel principe repose ce système ?

R. 1° Sur l'observation que certains végétaux, au moment de la dessication, épuisent le sol, tandis que d'autres, fauchés ou enfouis en vert, l'engraissent de leurs débris ; 2° sur la propriété qu'ont ceux à racines pivotantes d'aller plus profondément chercher leur nourriture, et de laisser à la surface celle qui convient aux racines traçantes.

D. Quels sont les végétaux épuisants?

R. Les végétaux épuisants sont les céréales, tels que : le seigle, le blé, l'orge et l'avoine, etc., les pommes de terre, les betteraves, etc. ; en général tous ceux qu'on sème pour la graine ou les racines.

D. Quels sont les végétaux améliorants?

R. Les végétaux améliorants sont : les prairies artificielles, qui enrichissent le terrain, les pois, les vesces, le sarrazin, etc., etc., et tous ceux qu'on fauche ou qu'on enfouit avant leur maturité.

D. Quels sont ceux auxquels on donne la préférence ?

R. On préfère ceux qui ont de larges feuilles, une tige herbacée, ceux surtout qui sont susceptibles de binages et de sarclages. Ces façons ameublissent la couche végétale, et la purgent d'une foule d'herbes nuisibles.

D. Certaines cultures épuisantes, ne sont-elles pas susceptibles de devenir améliorantes ?

R. Oui ; c'est lorsqu'on les fauche en vert ou qu'on leur donne assez de fumier et des binages assez nombreux ; telles sont en général les cultures sarclées.

D. Quelles sont les plantes convenables aux terrains légers et sablonneux ?

R. Les plantes convenables aux terrains légers sont celles qui paraissent plus propres à les ombrager de leurs tiges, à les resserrer par leurs racines de manière à diminuer l'infiltration et l'évaporation des eaux. Les gesses, les pois, etc., la lupuline, le sainfoin, etc., rempliront ce but.

D. Quelles sont celles qui conviennent aux terres fortes ?

R. Les plantes propres aux terres fortes sont celles qui sont les plus capables de les diviser, et d'absorber leur humidité ; de ce nombre sont : les végétaux à racines pivotantes, et en général les carottes, les betteraves, les choux, etc., le trèfle, la luzerne, etc., les féverolles, le colza, etc.

D. Quels sont les principes généraux sur lesquels repose un bon système d'assolement ?

R. Ces principes d'assolement peuvent se réduire à six, d'après M. de Dombasle; le premier, et le plus important, c'est de choisir les plantes qui conviennent le mieux à la nature du sol.

D. Quel est le deuxième?

R. C'est d'intercaller les récoltes épuisantes et les récoltes améliorantes, de manière à entretenir le terrain dans l'état de fertilité le plus satisfaisant.

D. Quel est le troisième?

R. C'est de ramener fréquemment, tous les quatre ans au moins, les cultures sarclées sur le même terrain, pour le préserver des mauvaises herbes, de les accompagner d'engrais, et de leur donner avec la houe à cheval ou la houe à main, tous les labours qu'elles exigent..

D. Quel est le quatrième?

R. C'est d'éviter le retour trop fréquent des récoltes épuisantes sur le même sol, et de ne pas lui faire porter, par exemple, du froment deux années consécutives, à moins d'une grande quantité de fumier.

D. Quel est le cinquième?

R. C'est de semer, avec les céréales qui succèdent à une récolte sarclée et fumée, les prairies artificielles, les plantes destinées à servir de fourrages.

D. Quel est le sixième?

5

R. C'est de proportionner la quantité de ces fourrages au nombre des bestiaux nécessaires pour produire les engrais suffisants aux besoins de l'assolement.

D. Qu'appelle-t-on rotation dans un système d'assolement?

R. On appelle rotation, un ordre de culture qu'on observe pendant un certain nombre d'années, après lesquelles on recommence de la même manière.

D. Combien dure chaque rotation?

R. Chaque rotation dépend de la nature des terres, et de la quantité de fumier dont on peut disposer. Elle est plus courte dans les terrains légers, plus longue dans les terres fortes; elle varie de deux à huit, dix, douze ans, et quelquefois plus.

D. Quel ordre suit-on dans une rotation de deux ans?

TERRES LÉGÈRES.	TERRES FORTES.
1re année.	1re année.
Haricots ou pommes de terre, fumées et binées.	Betteraves ou pommes de terre, fumées et binées.
2e année.	2e année.
Seigle, sans fumier.	Froment, sans fumier.

D. Quel ordre suit-on dans une rotation de trois ans?

TERRES LÉGÈRES.	TERRES FORTES.
1re année.	1re année.
Navets ou pois, fumés et binés.	Fèves ou pommes de terre, fumées, sarclées et binées.

2ᵉ année.	2ᵉ année.
Seigle, orge ou avoine, avec trèfle.	Blé ou avoine, sans fumier, avec trèfle.
3ᵉ année.	**3ᵉ année.**
Récolte de trèfle.	Récolte de trefle.

D. Citez un assolement de quatre ans.

TERRES LÉGÈRES.	TERRES FORTES.
1ʳᵉ année.	**1ʳᵉ année.**
Vesces d'hiver, fumées.	Betteraves ou choux, fumés.
2ᵉ année.	**2ᵉ année.**
Orge ou avoine, avec trèfle.	Blé ou avoine, avec trèfle.
3ᵉ année.	**3ᵉ année.**
Récolte de trèfle.	Récolte de trèfle.
4ᵉ année.	**4ᵉ année.**
Orge ou blé.	Blé, ou avoine.

D. Citez un assolement de cinq ans.

TERRES LÉGÈRES.	TERRES FORTES.
1ʳᵉ année.	**1ʳᵉ année.**
Vesces d'hiver, fumées.	Fèves ou pommes de terre, fumées, sarclées et binées.
2ᵉ année.	**2ᵉ année.**
Avoine, avec trèfle.	Orge ou avoine, avec trèfle.
3ᵉ année.	**3ᵉ année.**
Récolte de trèfle.	Récolte de trèfle.
4ᵉ année.	**4ᵉ année.**
Blé ou avoine.	Blé ou colza.
5ᵉ année.	**5ᵉ année.**
Fèves ou pois, pour fourrage.	Pois, vesces pour fourrage.

D. Indiquez un assolement de six ans, et plus.

R.   BONNES TERRES.

1re année, Navette ou Colza fumé.
2e   —   Blé.
3e   —   Trèfle.
4e   —   Avoine ou Blé.
5e   —   Betterave avec fumier.
6e   —   Avoine ou orge.

En semant sur la récolte de la sixième année de la luzerne ou du sainfoin, on peut avoir un assolement de dix à douze ans.

D. Doit-on suivre invariablement cet ordre?

R. Cet ordre n'est qu'une indication pour les cultivateurs ; ils pourront le modifier, selon qu'ils le croiront nécessaire aux besoins des récoltes.

D. Que faut-il consulter avant tout dans les assolements ?

R. Il faut consulter l'expérience et la qualité des terrains ; le cultivateur doit savoir proportionner les cultures et les engrais, tantôt à la nature des terres, tantôt à la nécessité où il est de se faire des fourrages.

CHAPITRE HUITIÈME.

Des Céréales.

—

D. Qu'entend-on par céréales?

R. Les céréales sont des végétaux dont les graines farineuses servent de nourriture à l'homme, et à quelques animaux domestiques. De ce nombre sont : le blé, le froment, l'orge, l'avoine, le sarrazin, le maïs et le millet.

D. A quelle culture succède les principales céréales?

R. Les principales céréales succèdent tantôt au trèfle, à la luzerne, au sainfoin; tantôt aux pommes de terre, aux betteraves, au colza, aux fèverolles, ou à toute autre récolte binée, sarclée et fumée, après un ou deux labours.

D. Doit-on fumer pour les céréales ?

R. Quelquefois on fume pour les céréales; mais, à cause des mauvaises herbes auxquelles le fumier peut donner naissance, il vaut mieux fumer la culture qui précède.

D. Quel grain choisit-on pour la semence?

R. On choisit toujours, pour semer, le grain le plus beau et le plus pur; en général celui de la dernière récolte, comme moins exposé à être entaché du germe de certaines maladies; il est bon aussi de renouveler quelquefois la semence.

D. Combien faut-il de semence par hectare?

R. La quantité moyenne est de 2 hectolitres; on l'augmentera ou on la diminuera, selon que le sol sera plus ou moins fertile, ou que les semailles se feront ou plus tôt ou plus tard.

D. Comment sème-t-on les céréales?

R. On sème les céréales à la volée, ou en lignes, tantôt fort, tantôt épais, selon la qualité du terrain, en ayant soin de répartir le grain le plus également possible.

D. Qu'appelle-t-on semoir?

R. Le semoir est une machine qui sert à distribuer la semence sur le sol, et à obvier à l'inconvénient qui résulte soit du vent, soit de l'inégalité du mouvement de la main de l'homme.

D. Quel est encore l'avantage de cette machine?

R. Elle économise une partie de la semence, en en faisant une juste distribution. L'instrument le plus perfectionné en ce genre est le semoir Hugues.

D. Comment fonctionne-t-il?

R. Il est disposé de manière à ce qu'étant rempli de grain et traîné par un cheval, le mouvement suffise pour répandre la semence en lignes sur la surface du sol.

D. Comment recouvre-t-on le grain?

R. Selon que le grain a été semé avant ou après le labour, on le recouvre avec la charrue, ou avec la herse, ou la houe à cheval.

D. A quelle profondeur doit-il être enterré?

R. Dans les terres légères et sablonneuses, la profondeur peut être de 10 à 25 centimètres; dans les terrains forts, elle doit être beaucoup moindre, de crainte que le grain ne vienne à pourrir sans pouvoir sortir de terre.

D. Quels sont, pour les céréales, les avantages des roulages et des sarclages?

R. Les roulages et les sarclages influent beaucoup sur la quantité et sur la qualité du grain, s'ils sont faits en temps utile, et sur les terrains qui l'exigent.

D. Dans quel moment les binages s'exécutent-ils sur les céréales?

R. Les binages s'exécutent en mars ou en avril sur les céréales seulement qui ont été semées en lignes. Mais quand elles ont été semées à la volée on les bine plus difficilement; on se contente le plus souvent de les herser au printemps, surtout dans les terres fortes et argileuses.

D. Ne fauche-t-on pas quelquefois les céréales en herbes?

R. On fauche quelquefois les céréales en herbes, lorsqu'une végétation trop active dans une terre surchargée d'humus fait craindre une récolte peu productive; on coupe alors l'extrémité des tiges, ou on y fait passer un troupeau de moutons.

D. Qu'est-ce que le froment?

R. Le froment est la plus importante et la plus utile de toutes les céréales; c'est celle qui est plus particulièrement destinée à l'entretien de la vie humaine.

D. Y a-t-il plusieurs espèces de froment?

R. Il y a plusieurs sortes de froment; les froments barbus et sans barbes, à épi rouge et carré; à épi large et blanc; à barbes violettes et tiges pleines; à barbes noires et tiges creuses, etc.; les plus importants à connaître sont les froments barbus, ou à gros grains, les froments sans barbe, ou à grains fins.

D. Qu'appelle-t-on blé de mars?

R. Le blé de mars n'est autre chose qu'un blé d'automne qu'on a fait passer à cet état en le semant un peu plus tôt ou un peu plus tard qu'à l'ordinaire.

D. A quelle époque sème-t-on le blé?

R. Les semailles commencent ordinairement à la mi-septembre, et se prolongent suivant les pays et les terrains, jusqu'au mois de décembre. Le blé de mars se sème depuis la fin de février jusqu'au commencement d'avril.

D. Qu'est-ce que le seigle?

R. Le seigle est, après le blé, la plus utile des céréales à l'usage de l'homme; sa culture est facile, il prospère dans les terrains légers et sablonneux, où le froment ne saurait croître; il demande moins d'engrais et moins de labours.

D. A quelle époque le sème-t-on?

R. On sème le seigle un peu avant le froment, au mois d'août ou de septembre; on le répand assez épais; il pousse vite, et garnit la terre avant l'hiver.

D. Ne coupe-t-on pas quelquefois le seigle pour fourrage?

R. Oui, lorsqu'il a été semé de bonne heure, on le coupe au mois de novembre pour les bestiaux, ce qui ne lui empêche pas de fournir de bonnes récoltes ; quelquefois même on l'enterre pour servir d'engrais.

D. Que penser de cette pratique ?

R. Elle est excellente ; le seigle convient comme fourrage aux bestiaux, aux terres comme engrais. Il prépare ces dernières à recevoir des plantes légumineuses.

D. Quelle est sa place dans les assolements ?

R, Comme le blé, il succède aux récoltes binées, sarclées et fumées, dans les terres légères, où il peut être suivi d'une prairie artificielle.

D. Est-il bon de cultiver le seigle et le blé mélangés ?

R. Ce mélange, nommé *méteil*, ne saurait réussir ; les deux plantes ordinairement se sèment, mûrissent et se récoltent à des époques différentes ; il est difficile que l'une prospère sans que ce soit au détriment de l'autre.

D. Quelle est l'utilité de l'orge ?

R. Outre que l'orge sert de nourriture à la classe peu aisée, on l'emploie encore pour la fabrication de la bière, et surtout pour engraisser les bestiaux et les volailles.

D. Qu'appelle-t-on orge carrée ?

R. L'orge carrée est une espèce d'orge

dont les épis présentent quatre rangs au lieu de deux, et qui se terminent par une longue barbe.

D. Comment l'orge se cultive-t-elle?

R. On sème l'orge du 15 mars au 15 avril, sur un sol non fumé et préparé par deux ou 3 bons labours, selon qu'elle succède à une culture améliorante ou épuisante. On lui donne ensuite les sarclages et les binages nécessaires.

D. Comment l'enterre-t-on?

R. Il faut se rappeler que le grain doit toujours être enterré plus ou moins profondément, selon qu'il est semé dans une terre plus ou moins légère.

D. Quel est le temps le plus favorable à l'orge?

R. Un temps ni trop sec ni trop humide convient à cette culture. Trop de sécheresse donne une excellente orge, mais en petite quantité; trop de pluie produit abondance d'orge, mais d'une médiocre qualité.

D. Qu'est-ce que l'avoine?

R. L'avoine est la plante qui fournit la meilleure nourriture en grains pour les chevaux et autres bestiaux.

D. Combien y a-t-il de variétés d'avoine?

R. Deux principales : l'avoine annuelle et l'avoine vivace.

D. Qu'appelle-t-on avoine vivace ?

R. L'avoine vivace est une plante qui se trouve mêlée à l'herbe des prairies naturelles, et qui donne au foin une excellente qualité. On ne saurait trop la cultiver comme fourrage.

D. Qu'appelle-t-on avoine annuelle ?

R. L'avoine annuelle est celle qui est semée tous les ans; de cette espèce sont : l'avoine folle et l'avoine cultivée.

D. Qu'est-ce que l'avoine folle ?

R. L'avoine folle est assez élevée; elle croît sans culture; elle nuit aux récoltes auxquelles elle se trouve mêlée; on ne la détruit sur une terre qu'en y semant du trèfle ou de la luzerne.

D. Qu'est-ce que l'avoine cultivée ?

R. L'avoine cultivée est l'avoine ordinaire; elle comprend deux espèces principales : l'avoine blanche, et l'avoine brune ou noire.

D. Comment se cultive-t-elle ?

R. Elle se sème comme les autres céréales, et s'enterre de même, avec la houe dans les terrains argileux, ailleurs avec la charrue. Comme elles, elle croît ordinairement après une culture fumée et sarclée, ou sur un défrichement après un seul labour.

D. Quelle est l'époque des semailles pour l'avoine ?

R. On la sème depuis la fin de février jusqu'au commencement d'avril, dans la proportion de 2 à 3 hectol. par hectare ; on lui donne, environ six semaines ou un mois après, les mêmes façons d'entretien qu'aux autres céréales.

D. Qu'appelle-t-on trémois ?

R. Le trémois est le mélange de toutes espèces de graines cultivées ensemble, comme l'avoine avec l'orge, l'orge avec les vesces, l'avoine avec les pois, etc. ; ces récoltes produisent d'assez bon fourrage.

D. Quelle est l'utilité du sarrasin ?

R. A l'avantage de servir d'aliment à l'homme, le sarrasin joint celui d'être une nourriture précieuse pour quelques bestiaux, de remplacer l'avoine pour les chevaux, de prospérer sur les sols pauvres, et de fournir aux terres un bon engrais lorsqu'il est enterré en vert.

D. Comment se cultive-t il pour graines ?

R. Au mois de mai on en sème 50 litres au plus par hectare sur un sol préparé par plusieurs labours. On le recouvre légèrement; deux ou trois mois après il est en maturité.

D. Comment se cultive-t-il pour fourrage et pour engrais?

R. On le sème au milieu de l'été, dans la proportion d'un hectolitre par hectare; quand il est en fleur, on le fauche où on l'enfouit. Quelquefois on le sème en seconde culture, pour être enterré à l'époque des semailles.

D. Comment se récolte le sarrasin?

R. Au mois de septembre, lorsque la plupart des tiges ont atteint un degré de dessication suffisante, on le coupe; il est alors assez mûr pour qu'on puisse le battre et en conserver le grain.

D. Quel est l'usage des feuilles?

R. Les feuilles de sarrasin servent de fourrages aux bestiaux; il faut éviter cependant d'en donner aux moutons, chez lesquels elles occasionent des maladies.

D. Qu'est-ce que le maïs?

R. Le maïs est une plante annuelle cultivée dans le midi de la France; elle donne une farine très-substantielle et un fourrage nourrissant.

D. Quelle est la forme de ce végétal?

R. Sa tige est droite, solide, haute d'environ 2 mètres; ses feuilles sont larges, engaînantes; ses épis sont gros, et contiennent douze rangées d'environ trente grains, qui, selon l'espèce, sont jaunes, blancs, etc., etc.

D. Quel sol convient le mieux au maïs?

R. Le maïs se plaît sur toute espèce de sol, pourvu qu'il soit assez profond et suffisamment fumé. Cependant on a remarqué qu'il réussit mieux dans les terres légères.

D. Comment se sème-t-il?

R. On sème le maïs au printemps, à la volée ou en lignes, environ 30 à 40 litres par hectare. Dans ce dernier cas, on le met à 30 ou 40 centimètres de distance, 3 ou quatre grains ensemble. Dans le premier, on est obligé d'en arracher une partie au moment des binages.

D. Quelle est la meilleure méthode?

R. Le semis en lignes est préférable, parce qu'il permet de biner avec la houe à cheval, tandis que dans la deuxième il faut avoir recours à la binette. Les façons alors sont plus dispendieuses et moins profitables.

D. Combien de binages exige le maïs?

R. Le maïs demande trois binages : le premier, quelque temps après qu'il est sorti de terre ; le deuxième, quand il est à la hauteur de 33 centimètres ; le troisième enfin, avant la floraison ; ils doivent être assez profonds, excepté le dernier, où il suffit de gratter la terre autour de chaque pied.

D. Quelle est sa place dans les assolements ?

R. Le maïs succède au blé ou à une récolte binée et sarclée, mais mieux encore à une prairie artificielle nouvellement défrichée. Cette plante est épuisante, il faut en éviter le retour trop fréquent sur le même terrain.

D. Comment se cultive-t-il pour fourrage ?

R. On le sème plus fort que pour la graine. Quand les tiges sont assez développées, on les coupe ; les feuilles alors renferment une substance sucrée que les bestiaux aiment beaucoup, et qu'on fait sécher pour les conserver.

D. Ne sert-il pas aussi comme engrais ?

R. Oui ; après l'avoir récolté comme fourrage, on peut encore le semer pour l'enterrer en vert à l'époque des semailles, attendu qu'il ne lui faut que fort peu de temps pour arriver à une hauteur convenable.

D. Comment se récolte le maïs ?

R. Aussitôt que la dessication des feuilles indique l'entière maturité du grain, on coupe les épis, qu'on serre jusqu'au moment de l'égrenage. Les feuilles et les tiges servent dans ce cas de litière aux bestiaux.

D. Qu'est-ce que le millet ?

R. Le millet est une plante qui a quelques rapports avec le maïs ; on le cultive plus pour le fourrage que pour la graine.

D. Comment le sème-t-on ?

R. On le sème à la volée ou en rayons, dans un terrain léger, bien labouré, et dans la proportion de 30 à 40 kilogrammes par hectare ; on le fauche deux mois après, et l'on a un excellent fourrage.

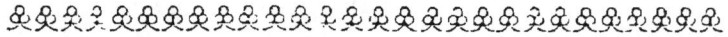

CHAPITRE NEUVIÈME.

De la récolte et de la conservation des Grains. De l'usage des Pailles.

———

D. Comment moissonne-t-on les céréales ?

R. On moissonne ordinairement l'orge et l'avoine avec la faux, et le froment avec la faucille.

D. Quel avantage présente la faux ?

R. La faux offre l'avantage d'une moisson plus expéditive, et en même temps plus économique, attendu qu'on emploie moins d'ouvriers.

D. Comment est disposée la faux ?

R. L'extrémité inférieure du manche est terminée par une espèce de râteau transversal un peu recourbé, destiné à recevoir les céréales qui tombent sous le tranchant de la lame.

D. Quel est l'avantage de la faucille ?

R. La faucille coupe le grain aussi près du sol qu'on le désire, et peut être maniée

par tout le monde, tandis que la faux demande des hommes forts et très-exercés.

D. A quelle époque se fait la moisson?

R. La moisson commence ordinairement
au mois de juillet. On récolte d'abord le
seigle; puis le blé, quinze jours après; et
enfin l'orge et l'avoine.

D. Quelle précaution exige la récolte du
blé?

R. On doit attendre, pour le rentrer,
qu'il ait atteint un degré de dessication
complète; on le laisse, s'il est nécessaire,
quelque temps sur le sol, se sécher en javelles, et onne le lie en gerbes que quand il
est bien sec.

D. Quels soins demande la récolte de
l'orge et de l'avoine?

R. L'orge germe sur terre, si elle y reste
long-temps en javelles; il faut la serrer dès
qu'elle est sèche. L'avoine craint moins l'humidité; elle demeure sans inconvénient plusieurs jours à la pluie, qui fait gonfler le
grain; mais il ne faut pas la rentrer humide.

D. Que fait-on ensuite des céréales?

R. On entasse les gerbes dans des gran-
ges ou sous des hangars; quelquefois on
en fait en plein air des meules, qu'on recouvre d'une toiture en paille.

D. Que deviennent-elles en cet état?

R. Les épis se ressuient et rendent leur humidité intérieure. Le grain se gonfle et prend de la qualité, comme les fruits dans un fruitier.

D. Quel inconvénient y a-t-il à serrer les céréales trop humides?

R. Le grain rentré trop humide est retrait et ridé; il ne donne qu'une farine de mauvaise qualité. La paille moisit et répand une odeur capable de gâter une certaine partie de la récolte.

D. Comment obtient-on le grain renfermé dans les épis?

R. On obtient le grain contenu dans les épis au moyen du battage et du vannage, qui, dans la plupart des campagnes s'exécutent à l'aide du fléau et du van.

D. Comment procède-t-on dans un grand nombre d'exploitations rurales?

R. Le battage et le vannage s'opèrent avec des machines qui les rendent plus parfaits, plus expéditifs et moins dispendieux; ces machines sont : le battoir, ou rouleau à dépiquer, et le tarare.

D. Comment fonctionne le battoir?

R. Le battoir exige deux chevaux pour le conduire, et trois personnes pour fournir le grain et enlever la paille. De cette manière, il fait plus d'ouvrage que quinze à vingt batteurs ensemble, et on évalue à un quinzième le blé qu'on obtient de plus que par le battage ordinaire.

D. Pourquoi cette machine n'est-elle pas plus répandue?

R. Elle est trop chère pour les petits cultivateurs. Il serait à désirer que plusieurs propriétaires s'associassent pour l'acheter, où que les communes en fissent l'acquisition, pour la mettre successivement à la disposition des habitants.

D. Comment s'exécute le vannage?

R. Le vannage, qui consiste à séparer le grain de ses balles, s'exécute encore, dans beaucoup de localités, au moyen du van; ce qui le rend fort long et défectueux. Dans plusieurs endroits on lui a substitué le tarare.

D. Quel est l'avantage de cet instrument?

R. Il nettoie beaucoup mieux le grain, et lui donne quelquefois une valeur de deux ou trois francs de plus par hectolitre.

D. Que fait-on du grain après ces opérations?

R. Le grain, une fois battu et vanné, est transporté sur les greniers, où on le répand en couches plus ou moins épaisses.

D. Quels sont les moyens de le conserver?

D. On conserve le grain en le remuant

souvent avec une pelle, pour empêcher qu'il
ne s'échauffe ; en tenant le grenier bien propre et bien aéré, enfin en écartant les animaux et les insectes nuisibles.

D. Quels sont-ils ?

R. Les animaux et les insectes nuisibles
aux grains, et particulièrement au froment,
sont : les souris, les rats et les charançons.

D. Comment éloigne-t-on les souris et
les rats ?

R. On se préserve des souris et des rats
avec des greniers plafonnés et bien entrete-
nus, des murailles fraîchement recrépies, et
surtout avec de bons chats. Il faut empêcher que ces derniers n'approchent des tas
de blé ; ils y déposeraient des ordures.

D. Quels préservatifs emploie-t-on contre les charançons ?

R. On indique contre les charançons
plusieurs préservatifs qui sont inefficaces ;
le meilleur de tous c'est de paver, de pla-
fonner les greniers, et de ne leur laisser
dans les murs aucune issue.

D. Quel est, dans ce cas, l'effet de l'essence de térébenthine ?

R. Introduite dans les fissures des murailles, l'essence de térébenthine fait disparaître les charançons momentanément ;
mais, comme elle ne saurait détruire leurs
œufs, ils reparaissent peuaprès.

D. Quels moyens donne-t-on encore pour s'en préserver?

R. Auprès d'un fort tas de blé qu'on remue tous les jours au printemps, on en forme deux ou trois autres fort petits, auxquels on ne touche pas.

D. Qu'arrive-t-il de là?

R. Les charançons, qui aiment le repos, abandonnent le gros tas de blé pour se réfugier dans les petits, où ils sont tranquilles.

D. Que deviennent-ils ensuite?

R. Au bout de quelque temps on plonge ces petits tas de blé dans une eau bouillante, où les charançons périssent avant d'avoir déposé leurs œufs dans le grenier. En renouvelant cette opération plusieurs fois, on en détruira une grande quantité.

D. A quoi servent les pailles des céréales?

R. Les pailles en général servent de fourrage et de litière aux bestiaux. La paille du seigle battu au tonneau sert encore à couvrir les maisons dans les campagnes, à faire des chapeaux, des paillassons, etc.

D. Comment la paille profite-t-elle aux bestiaux comme aliment?

R. Les bestiaux mangent avec plaisir la paille fraîche; ils la préfèrent mélangée avec du trèfle, du sainfoin ou de la luzerne. Quelquefois hachée et mêlée à des substances farineuses, elle forme une excellente nourriture.

D. Comment conserve-t-on la paille pour fourrage ?

R. On conserve la paille pour fourrage, en la serrant dans le fenil, mêlée aux herbes des prairies artificielles, dont elle prend l'odeur et le goût.

CHAPITRE DIXIÈME.

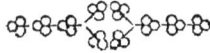

Maladies des Céréales.

—

D. Quelles sont les maladies auxquelles sont exposées les céréales ?

R. Les maladies des céréales sont : la carie, le charbon, la rouille et l'ergot.

D. Quel est l'effet de ces maladies ?

R. Elles diminuent la quantité des grains, en altèrent la qualité, et sont, en général, très-préjudiciables aux récoltes.

D. Qu'est la carie ?

R. La carie, dans les épis qui en sont atteints, produit, au lieu d'une substance blanche et farineuse, une poudre grasse, d'un brun noirâtre qui paraît être le germe de la maladie.

D. A quoi reconnaît-on les grains cariés ?

R. L'écorce des grains cariés est mince et ridée ; ils sont légers, et exhalent une odeur infecte semblable à celle du poisson pourri.

D. Comment se propage cette maladie ?

6

R. La carie se propage au moment du battage. La poussière qui sort de son enveloppe s'attache aux autres grains, qu'on désigne ensuite sous le nom de blé moucheté : ils donnent une mauvaise farine et un mauvais pain.

D. Comment distingue-t-on les tiges qui doivent produire la carie?

R. Les tiges qui doivent produire la carie sont d'un vert foncé; les épis ensuite beaucoup plus gros et plus grenés que les autres. La substance laiteuse qu'ils contiennent est d'une couleur cendrée, et d'une odeur très-forte.

D. Quel est le moyen de purger les céréales des épis cariés?

R. Le seul moyen de purger les céréales des épis cariés, c'est de les arracher avec soin aussitôt qu'ils paraissent, et de ne point les laisser arriver à leur maturité.

D. Quelles sont les céréales exposées à cette maladie?

R. Quelques céréales sont exposées à la carie, mais le froment plus que les autres; il ne faut rien négliger pour la détruire, à cause du peu de valeur des grains qui en sont entachés.

D. Qu'est-ce que le charbon?

R. Le charbon, ou bruine, est une poussière d'un brun noir qui se développe à l'extérieur du grain, attaque l'intérieur, et convertit l'épi en une substance charbonnée, formée de la destruction des grains et des balles.

D. Comment le charbon se propage-t-il?

R. Tantôt par l'effet du battage, tantôt par le moyen du vent, qui emporte cette poudre légère sur les épis sains, qui reçoivent ainsi le germe de la maladie.

D. Comment reconnaît-on les épis charbonnés?

R. Les épis charbonnés, au sortir du fourreau sont noirâtres; ils deviennent minces et grêles : les tiges sont décolorées et tachées de jaune; l'enveloppe du grain cède sous l'ongle qui le presse.

D. Quelle différence y a-t-il entre la carie et le charbon?

R. La carie diffère du charbon en ce qu'elle présente le grain noirci dans les balles, tandis que le charbon offre l'épi avec les balles, converti en matière charbonnée.

D. En quoi ces deux maladies diffèrent-elles encore?

R. Le charbon n'a aucune odeur; la carie en a une très-prononcée : le premier attaque également la plupart des céréales, la deuxième attaque plutôt le froment. La ca rie altère la qualité du pain; le charbon lui donne seulement une couleur rougeâtre.

D. Comment nettoie-t-on les récoltes in e ctées de charbon ?

R. On nettoie les céréales infectées de charbon, en arrachant soigneusement, aussitôt qu'on les reconnaît, les épis qui en sont attaqués.

D. Comment se développe le germe de ces maladies ?

R. Le germe du charbon et de la carie se développent dans la végétation; les grains qui en sont entachés donnent presque toujours naissance à des épis où l'on retrouve ces maladies.

D. Quels sont les moyens de les prévenir ?

R. Le moyen de prévenir ces maladies, c'est d'en détruire la cause, c'est d'en lever la poussière qui la produit, soit en lavant la semence dans une dissolution de cendres, de suie, etc., soit en leur donnant un bon chaulage.

D. Qu'appelle-t-on chaulage?

R. Le chaulage est l'emploi de substances mordantes et corrosives, telles que : la chaux, le vitriol bleu, propres à ôter à la semence tout principe d'altération, tout germe de maladie.

D. Comment chaule-t-on la semence ?

R. Le chaulage s'opère de différentes manières : le plus simple, c'est de mêler au grain avant de le semer, une certaine quantité de chaux réduite en poudre. Mais ce moyen ne réussit pas toujours.

D. Quel est le meilleur procédé ?

R. On dépose un hectolitre de grain dans une dissolution d'un kilogramme de chaux et un hectogramme de sel, de manière que le liquide recouvre la semence de 4 à 5 centimètres; on la remue avec une pelle; on la retire quelque temps après, pour s'en servir immédiatement.

D. Quel procédé indique-t on encore ?

R. Pour chauler un hectolitre de grain, on l'humecte d'abord de 7 à 8 litres d'une dissolution d'un sel nommé sulfate de soude (8 kilogrammes dans un hectolitre d'eau) préparée pour toute la semaille.

D. Que fait-on ensuite ?

R. Quand la semence a été bien imbibée du liquide, on y répand environ 2 kilogrammes de chaux pulvérisée; on remue le grain jusqu'à ce que le mélange soit parfait, et on le sème en toute.

D. Comment emploie-t-on le vitriol bleu ?

R. On fait délayer dans sept à huit li-

tres d'eau, environ un hectogramme de vitriol bleu, pour un hectolitre de grain. Quand la dissolution est bouillante, on la verse sur la semence, qu'on remue le mieux possible, et qu'on emploie le même jour.

D. Qu'est-ce que la rouille?

R. On nomme rouille des taches jaunâtres qui se développent sur la tige et les feuilles des céréales, et absorbent une partie des sucs destinés à la nutrition du grain, qui dans ce cas se dessèche.

D. Comment en détruit-on l'effet?

R. Le seul remède contre la rouille, c'est de couper les feuilles qui en sont atteintes avant l'apparition de la tige; les nouvelles feuilles en sont ordinairement exemptes.

D. Qu'appelle-t-on ergot?

R. On appelle ergot une maladie particulière au seigle. On lui donne ce nom parce que le grain qui en est attaqué, est étiré et allongé en forme d'un ergot de coq. Sa couleur est violette.

D. Quels sont les effets de cette maladie?

R. L'ergot diminue sensiblement le produit de la récolte; il peut occasioner des maladies graves, s'il se trouve en trop grande quantité dans le grain qui sert d'aliment.

D. Comment préserve-t-on le seigle de
l'ergot?

R. Jusqu'ici on n'a pas trouvé de sûrs
préservatifs contre l'ergot. Toutefois on
peut en prévenir ou en diminuer l'effet, en
se servant de bonne semence.

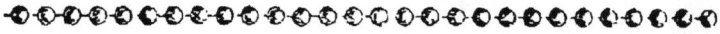

CHAPITRE ONZIÈME.

Des Légumineuses.

—

D. Qu'appelle-t-on légumineuses ?

R. On appelle légumineuses certains végétaux à graines farineuses, à tiges herbacées, auxquels on peut joindre plusieurs
plantes cultivées pour leurs racines (1).

D. Quelle est l'utilité des légumineuses ?

R. Les légumineuses, par leur graine
servent de nourriture à l'homme, et par
leur tige de fourrage aux bestiaux, et d'engrais aux terrains.

D. Quelle est la place des légumineuses
dans les assolements ?

R. Les légumineuses précèdent beaucoup
plus souvent qu'elles ne suivent la culture des céréales, auxquelles elles préparent

---

(1) Nous avons cru devoir adopter cette division,
comme plus conforme au plan méthodique et élémentaire que nous nous sommes proposé,

la terre par les binages et les engrais qu'elles recoivent.

D. Quels sont les principaux légumes à graines farineuses?

R. Les principaux légumes à graines farineuses sont : les haricots, les pois, les vesces, les lentilles, les fèves ou fèverolles, les gesses, etc., etc.

D. Combien reconnaît-on d'espèces de haricots?

R. On distingue deux espèces principales de haricots; les haricots nains, et ceux à tiges grimpantes : les premiers se cultivent dans les champs, les autres dans les jardins.

D. Quels soins préparatoires exige cette culture?

R. Les haricots, selon qu'on les sème sur une terre légère ou argileuse, exigent 2 ou 3 labours préparatoires; le dernier doit être accompagné d'un engrais propre à la nature du sol. Ils sont ordinairement d'une meilleure qualité sur les terrains frais et légers.

D. Comment sème-t-on les haricots?

R. Ces légumes demandent à être semés en avril ou en mai, et en rayons, quatre ou cinq à chaque pied, à 30 ou 40 centimètres

de distance, et à être enterrés très-superficiellement à 3 ou 4 centimètres dans les
terres fortes; c'est ordinairement avec la
charrue ou la houe qu'on fait cette opération.

D. Quelles façons d'entretien réclament-
ils?

R. Les haricots ont besoin de deux binages au moins; le premier, six semaines environ après les semailles; et le deuxième,
à peu près à l'époque de la floraison.

D. Quel est l'effet des haricots sur le
sol?

R. La récolte des haricots est épuisante;
cette culture exige d'autant plus de fumier,
qu'elle est ordinairement suivie des céréales, qui ne prospèrent que si le sol est bien
engraissé.

D. Comment se récoltent-ils?

R. On les arrache, on les lie en petites
bottes qu'on laisse quelque temps encore
sur le sol, puis on les rentre pour les battre.

D. A quel instant faut-il récolter les haricots?

R. Il faut récolter les haricots avant
qu'ils soient arrivés à une dessication complète, autrement on s'exposerait à en perdre
une partie. On les étendra ensuite dans

quelque endroit, pour qu'ils sèchent entièrement jusqu'au battage.

D. Quel effet produisent les pois sur le
sol?

R. Les pois épuisent moins le sol que les
haricots; on ne leur donne aucun binage,
à moins qu'ils ne soient en rayon, ce qui
serait préférable pour l'ameublissement du
terrain.

D. Combien distingue-t-on d'espèces de
pois?

R. Il y a trois espèces principales de
pois : 1° ceux de jardin, à tiges élevées et
rameuses; 2° ceux appelés petits pois, destinés à être mangés verts ou secs; 3° les pois
des champs, dont on nourrit le bétail, et
qu'on enfouit en vert.

D. Quelle terre convient aux pois?

R. Les pois, en général, prospèrent sur
toute espèce de terrain, pourvu qu'il ne soit
pas absolument mauvais; mais, employés
comme engrais, ce sont les sols secs et légers qui leur sont propres.

D. Quelle préparation leur est nécessaire ?

R. Un ou deux labours, très-peu d'engrais, suffisent à cette culture, à moins
qu'on n'ait en vue la récolte des céréales qui
doit suivre; dans ce cas, on augmente la
dose de fumier.

D. A quelle époque sème-t-on les pois ?

R. Les pois qu'on veut récolter se sèment en mars, à la volée, s'enterrent au moyen de la charrue, à 8 ou 10 centimètres. Ceux qu'on veut enfouir comme engrais, se sèment pendant l'été. Une espèce de pois gris, semés en automne, donnent au printemps un bon fourrage.

D. Combien reconnaît-on de sortes de vesces ?

R. Il y a deux sortes de vesces ; les vesces d'hiver et les vesces d'été. Elles se sèment à la volée, sur un terrain frais et argileux, les premières en automne, les autres au printemps.

D. Ne les mêle-t-on pas à d'autres plantes ?

R. On mélange quelquefois les vesces avec un peu de seigle ou d'avoine, qui sert à soutenir leurs tiges, et à donner un bon goût au fourrage.

D. Quels sont les avantages des vesces ?

R. Comme fourrage, les vesces sont très-précieuses ; elles remplacent les récoltes qui viennent à manquer ; elles se mangent vertes ou sèches ; fauchées en vert, elles n'é-puisent point le sol, et enfouies comme engrais, elles produisent d'excellents effets.

D. Comment se cultivent-elles ?

R. On les sème après deux ou un seul labour préparatoire, accompagné d'un peu de fumier, ou suivi d'un léger plâtrage, ou d'un faible chaulage. Pour fourrage, on les fauche en fleur, on les serre sèches et mé-langées, avec de la paille fraîche. Pour graine, on attend qu'elles soient entière-ment mûres.

D. Quelle place occupent-elles dans les assolements ?

R. Les vesces d'été précèdent les céréa-les, et particulièrement le blé ; les vesces d'hiver les suivent immédiatement.

D. Quelle est l'utilité des lentilles ?

R. La lentille est une des meilleures plantes à introduire dans un système d'as-solement. Sa graine fournit une nourriture saine ; son fourrage, vert ou sec, vaut le meilleur foin : elle prospère dans les ter-rains légers, auxquels elle sert quelquefois d'engrais.

D. Comment se cultivent les lentilles ?

R. Elles se sèment en avril, à la volée ou en lignes, sur un terrain convenablement préparé. On les recouvre avec la houe ou la charrue, et on leur donne plus tard les bi-nages et les sarclages nécessaires.

D. Comment se récoltent-elles ?

R. Dès que les feuilles des lentilles com-mencent à jaunir, on les arrache, on les lie en petites bottes ; et quand elles sont sè-

7

ches, on les enlève de dessus le terrain, qu'on dispose à d'autres cultures.

D. Quel parti tire-t-on des fèverolles?

R. Les fèverolles ameublissent les sols argileux; enfouies avant la floraison, elles les engraissent; coupées dans leur maturité, elles donnent une substance farineuse très-nourrissante pour les chevaux et les volailles.

D. Comment doit-on les cultiver?

R. On les sème en février, à la volée ou en rayon, dans un terrain bien façonné, et fumé sur le dernier labour. Le semis en lignes assez espacées, et dans des sillons assez profonds, est préférable à cause des binages.

D. Quels sont les soins d'entretien nécessaires aux fèverolles?

R. Selon que les terres sont plus ou moins fortes, les fèverolles demandent deux ou trois façons, à six semaines, deux mois d'intervalle. Les buttages n'ont lieu que sur des terres légères.

D. Quel est le moment de la récolte?

R. Les fèverolles semées après l'hiver se récoltent après la moisson, et assez tôt pour qu'on puisse préparer le champ au semis du blé. Après les avoir coupées, on les laisse quelques jours sécher sur place avant de les rentrer pour les battre.

D. Qu'est-ce que la gesse?

R. La gesse est une plante qui, à l'avantage des autres légumineuses, joint celui de croître et de prospérer dans les terrains les plus médiocres.

D. Quel est son usage?

R. Outre que le fourrage qu'elle donne convient aux bestiaux, sa graine, réduite en farine, est excellente pour engraisser les porcs, les moutons et les volailles.

D. Quelles sont les plantes cultivées pour leurs racines?

R. Les principales plantes en agriculture cultivées pour leurs racines, sont : les pommes de terre, les betteraves, les carottes, les panais, les navets-turneps, etc.

D. Quel effet produisent-elles dans un système d'assolement?

R. Les racines de ces plantes pénètrent dans le sol, et le divisent s'il est compacte et argileux; les fumiers, les binages qu'elles reçoivent, le disposent aux cultures des céréales, qui doivent suivre.

D. Quels avantages présentent les pommes de terre?

R. Les pommes de terre offrent à l'homme une ressource inappréciable, tant pour ses propres besoins que pour ceux de la plupart des animaux domestiques; elles sont d'un rapport plus avantageux que beaucoup d'autres cultures.

D. Quel sol est le plus favorable aux pommes de terre ?

R. Les pommes de terre croissent en général sur toute espèce de sol, pourvu qu'il ne soit pas surchargé d'humidité. Leur végétation est plus active, leur récolte plus abondante dans une terre forte ; mais elles sont d'une meilleure qualité dans une terre légère.

D. Comment se plantent les pommes de terre ?

R. On plante les pommes de terre au mois d'avril, sur un terrain bien fumé, et préparé par deux ou trois labours assez profonds. On les dispose à l'aide de la charrue en rayons, en mettant un intervalle de 65 à 70 centimètres entre chaque rayon, et de 40 à 45 entre chaque pied.

D. Est-il nécessaire de planter les pommes de terre entières ?

R. On peut les couper par morceaux, en ayant soin de conserver à chacun deux ou trois œilletons. Avant de planter ces morceaux, on les laisse quelque temps exposés à l'air, pour qu'ils ne pourrissent pas en terre.

D. Quels sont les moyens de propager les pommes de terre ?

R. On propage les pommes de terre en

arrachant à chaque pied, six semaines ou deux mois après la plantation, un certain nombre de pousses ou rejets, que l'on transplante ailleurs, et qui donnent des produits également abondants.

D. Qu'arrive-t-il si l'on coupe les fleurs et les feuilles ?

R. Si l'on se contente d'enlever les fleurs sans toucher aux feuilles, il y aura augmentation dans la récolte ; si, au contraire, on coupe les feuilles, il y aura diminution, et cette diminution sera d'autant plus sensible, qu'on les aura coupées à une époque plus rapprochée de la floraison.

D. Combien de façons faut-il donner à ces plantes ?

R. Les pommes de terre exigent deux ou trois façons, selon la nature du sol et les mauvaises herbes qui y croissent. La herse, la charrue à double oreille, l'extirpateur, sont les instruments qu'on emploie.

D. Comment fait-on la récolte des pommes de terre ?

R. Au mois d'octobre on les arrache à la bêche ou à la charrue, on les débarrasse de la terre et des filaments qui les entourent ; et, avant de les rentrer à la cave, on les laisse quelque temps entassées sur l'aire d'une grange, où elles rendent leur humidité intérieure.

D. Quel usage en fait-on?

R. Les pommes de terre réduites en farine ou fécule, forment un aliment très-nourrissant ; elles entrent même dans la composition du pain : on en fait dans les campagnes une consommation considérable.

D. Comment les donne-t-on aux bestiaux ?

R. Les moutons et les vaches les mangent crues et mélangées avec du son. Les porcs, les volailles les préfèrent cuites et mêlées à la farine d'orge, dont on fait une pâtée.

D. Quelle est l'utilité de la betterave?

R. La betterave est une plante fort précieuse en agriculture. Sa racine et ses feuilles contiennent une matière sucrée qui en fait un aliment délicieux pour les bestiaux. L'homme s'en nourrit quelquefois et en extrait une assez grande quantité de sucre.

D. Quel terrain exigent les betteraves ?

R. Les betteraves demandent un terrain substantiel; ni trop sec, ni trop humide, bien façonné et bien fumé; toutefois le fumier ne devra point être mis sur le dernier labour, si elles sont pour notre usage; car elles en prendraient le goût et l'odeur.

D. Comment les sème-t-on?

R. On les sème en avril sur couche, ou

en pleine terre. Quand elles sont sur couche, on les transplante, en les rangeant par
rayons ; quand on les sème à la volée, il
faut arracher les pieds qui sont trop rapprochés, pour les repiquer ailleurs.

D. Quels soins demande l'entretien des
betteraves ?

R. Les betteraves semées à la volée doivent être arrosées quand on les transplante,
et hersées quand elles sont hors de terre;
de fréquents binages, de nombreux sarclages leur sont nécessaires jusqu'à la récolte.

D. Peut-on cueillir les feuilles avant la
maturité des betteraves ?

R. Les feuilles sont un excellent fourrage
pour les bestiaux; mais on ne peut les cueillir sans nuire plus ou moins au développement de la plante.

D. A quelle époque arrache-t-on les betteraves?

R. On les arrache au mois de septembre
ou d'octobre ; on les laisse ressuer quelque
temps; puis on les place à l'abri du froid et
de l'humidité, pour les conserver.

D. Comment les prépare-t-on pour les
bestiaux?

R. Il suffit de les couper en morceaux
extrêmement menus, et de les leur donner
mêlées à un peu de son. Cette nourriture
augmente chez les vaches et les brebis la

quantité et la qualité de lait, et les entretient en bonne santé.

D. Quelle est l'importance de la carotte?

R. La carotte est d'une haute importance en agriculture; c'est un des meilleurs aliments à donner aux bestiaux, et surtout aux chevaux, pour lesquels elle remplace presque l'avoine; elle fournit une récolte double de celle des pommes de terre.

D. Quelle terre convient à cette plante?

R. Cette plante croît sur les sols frais et légers, dans les terrains profonds, riches en humus, où il n'y a pas excès d'argile.

D. Quelle préparation est nécessaire au terrain?

R. Le terrain doit être labouré assez profondément pour favoriser le développement des racines; et fumé avec des engrais en poudre, s'il n'a reçu du fumier pour la culture précédente. Un bon hersage, donné à l'aide du scarificateur, la veille de la semaille, achèvera de détruire les mauvaises herbes, et d'ameublir le sol.

D. Comment se répand la semence?

R. On la répand à la volée, dans la proportion de 3 à 4 kilogrammes par hectare. On la recouvre très-superficiellement; quelquefois on les sème sur couche, en avril, pour les transplanter en lignes. Cette der nière méthode est préférable, et facilite les façons d'entretien.

D. Quelles sont ces façons?

R. Ce sont les binages; ils s'exécutent, dans le premier cas, d'abord avec la herse à dents de fer, puis avec la binette à trois dents; dans le deuxième cas, ils s'opèrent avec la houe à main ou à cheval.

D. Comment récolte-t-on les carottes pour l'hiver?

R. On les arrache en octobre, et on les laisse quelque temps sur le sol sécher aux rayons du soleil; on conserve les tiges pour fourrage. Les racines sont placées à l'abri de la gelée et de l'humidité, jusqu'à ce qu'on les coupe en morceaux pour les donner aux bestiaux.

D. Quelles sont les autres plantes en usage en agriculture?

R. Ce sont : 1° les panais, dont la culture encore peu répandue est à peu près la même que celle de la carotte; 2° les navets-turneps, qui produisent pour le bétail une nourriture abondante sans trop épuiser la terre.

D. Comment se cultivent les navets?

R. Le terrain doit être fumé et disposé par deux ou trois labours, selon qu'il est plus ou moins compacte; la graine est semée en juin, à la volée ou en rayons, et enterrée superficiellement avec la herse.

D. Quelles façons exigent-ils ?

R. Un premier binage à la herse ou à la houe, selon qu'ils ont été semés à la volée ou en lignes. Les autres façons sont données avec la binette dans le premier cas, et l'ex-tirpateur dans le second ; on les arrache en novembre, ou on les laisse sur le sol, même pendant l'hiver.

D. Qu'appelle-t-on rutubagas ?

R. Les rutubagas sont des espèces de choux qui offrent une ressource précieu-se pour l'entretien du bétail, et surtout des moutons. Ils se sèment, se trans-plantent, se cultivent comme les betteraves, et exigent des terres non moins fertiles.

D. Qu'appelle-t-on récoltes dérobées ?

R. Ce sont les deuxièmes récoltes qu'on fait porter la même année, à la même terre, aussitôt que les premières ont été enlevées.

D. Quelle est la valeur de ces récoltes ?

R. Les récoltes dérobées sont en général peu productives, à moins que ce ne soit dans d'excellentes terres ; elles sont ordi-nairement destinées à être enterrées en vert. Tel est souvent l'usage des pois, des vesces, du sarrasin, du maïs, des navets, et de beaucoup d'autres plantes.

CHAPITRE DOUZIÈME.

Des Plantes fourragères.

D. Qu'appelle-t-on plantes fourragères ?

R. Les plantes fourragères sont celles qui composent les prairies, et qui sont plus particulièrement destinées à fournir des fourrages nécessaires à la nourriture des bestiaux.

D. Combien distingue-t-on de sortes de prairies ?

R. On distingue deux sortes de prairies ; les prairies artificielles et les prairies naturelles.

D. Qu'entend-on par prairies artificielles ?

R. Les prairies artificielles sont celles qu'on établit pour quelques années seulement sur une terre labourable, et qui ne contiennent le plus souvent qu'une seule espèce d'herbe.

D. Quelle est l'utilité des prairies artificielles ?

R. Les prairies artificielles sont très-importantes en agriculture ; elles engraissent les terrains de leurs débris, augmentent leur force productive, donnent des fourrages abondants, et permettent d'arriver à un bon système d'assolement.

D. Quelle place occupent les prairies artificielles dans les assolements ?

R. Les prairies artificielles doivent être la base d'un bon assolement, se semer sur les cultures qui suivent les récoltes binées et fumées. On revient à ces récoltes aussi souvent qu'il est nécessaire, pour leur substituer encore les plantes fourragères.

D. Quelles sont les principales plantes employées pour les prairies artificielles ?

R. Les principales plantes des prairies artificielles sont : la luzerne, le trèfle, la lupuline, le sainfoin, la spergule, etc.

D. Toutes les terres sont-elles propres à la culture de ces plantes ?

R. Non ; quand on établit une prairie artificielle, il faut savoir choisir un terrain qui puisse convenir à la plante dont on veut la former.

D. Quel est le sol qui convient à la luzerne ?

R. La luzerne se plaît sur un sol léger,

riche et profond, ni trop sec, ni trop humide, dont le sous-sol est à la fois assez compacte et assez perméable pour retenir les principes fertilisants, et laisser échapper l'eau superflue.

D. Quelle préparation exige le sol pour la luzerne ?

R. Cette plante ayant une racine pivotante et susceptible de pénétrer à une certaine profondeur, demande une terre largement fumée et préparée par deux ou trois labours assez profonds.

D. A quelle époque doit-on la semer ?

R. On sème ordinairement la luzerne au printemps, avec l'orge ou l'avoine, rarement avec le blé. Ces cultures abritent cette jeune plante, et en favorisent le développement.

D. Comment la sème-t-on ?

R. On la sème à la volée, sur le terrain où l'on vient d'enterrer le grain, dans la proportion de 15 à 20 kilogrammes par hectare. On la recouvre légèrement avec la herse, de manière à niveler exactement la surface du sol.

D. Quels sont les soins nécessaires à l'entretien de la luzerne ?

R. L'année qui suit la semaille de la luzerne, on lui donne, au mois de mars, un hersage assez énergique, qu'on accompagne d'un bon plâtrage (2 hectolitres de plâtre par hectare). On le renouvelle deux ou trois fois pendant la durée de cette culture.

D. Comment rajeunit-on les vieilles luzernes?

R. On rajeunit les vieilles luzernes soit en y répandant du terreau, de la marne, ou du fumier très-consommé, soit en semant sur les feuilles une petite quantité de plâtre ou de chaux, après y avoir fait passer deux fois une herse à dents de fer, pour arracher les mauvaises herbes et recouvrir le pied des végétaux.

D. Quel est le produit de la luzerne?

R. De toutes les plantes fourragères, la luzerne est la plus productive; elle fournit trois fois autant de fourrage que le meilleur pré, sur la même étendue de terrain. On la fauche trois fois la deuxième année, et la troisième année elle donne jusqu'à quatre coupes.

D. Comment récolte-t-on ce fourrage?

R. On le fauche au moment de la floraison; on le laisse quelque temps exposé au soleil, on le rentre quand il est bien sec, en le mélangeant quelquefois avec de la paille fraîche.

D. Quelles sont les qualités de ce fourrage?

R. La luzerne est une excellente nourriture pour les porcs et pour tous les bestiaux ; elle doit leur être donnée sèche et avec mesure, autrement elle les échaufferait. Verte et en petite quantité, elle les purge ; prise avec excès, elle peut avoir de graves inconvénients.

D. Quel danger y a-t-il à laisser les bestiaux paître en liberté dans les luzernes vertes ?

R. Il est dangereux de faire paître les bestiaux dans les luzernes vertes et dans les trèfles, à moins que ce ne soit après des gelées ; outre le dommage qu'ils causent, ils s'exposent à la maladie de la météorisation, ou enflure.

D. Quels sont les symptômes de cette maladie ?

R. Les animaux atteints de la météorisation ont le ventre tendu, la respiration gênée ; ils battent des flancs. Lorsqu'on frappe sur leur ventre, il résonne comme un tambour.

D. Quels remèdes emploie-t-on contre cette maladie ?

R. Trois décagrammes de salpêtre délayés dans un verre d'eau-de-vie ; une forte saignée ; une cuillerée d'ammoniaque liquide dans une bouteille d'eau ; un peu d'éther ; tels sont les remèdes contre l'enflure. Il faut bien se garder de faire courir l'animal, on s'expose à lui causer la mort.

D. Comment récolte-t-on la luzerne pour graine ?

R. On réserve pour graine la deuxième coupe d'une luzerne de quatre à cinq ans; on la coupe quand elle est très-sèche ; on en serre les gousses au grenier, à l'abri de l'humidité, jusqu'au moment de les battre.

D. Combien de temps dure la luzerne sur le même terrain ?

R. La durée de la luzerne est ordinairement de huit à dix ans; avec des soins, elle va jusqu'à douze ans ; on la défriche alors pour lui substituer des céréales.

D. Sur quel sol se plaît le trèfle ?

R. Le trèfle se plaît sur toute espèce de sol, notamment dans une terre fraîche, ni trop sèche, ni trop argileuse, et assez profonde pour que les racines puissent s'y développer.

D. En quel état doit être la terre ?

R. Le trèfle, quelles que soient les céréales qu'il accompagne, celles d'automne ou celles de printemps, a besoin d'un terrain bien façonné, et ameubli par de bons labours.

D. Comment le cultive-t-on ?

R. On le sème et on l'enterre comme la luzerne ; l'année suivante, on le plâtre, on le herse de la même manière, en ayant soin de niveler le sol, et d'en faire enlever les pierres.

D. Fauche-t-on le trèfle la première année?

R. Le trèfle et la luzerne ne se fauchent que la deuxième année, à moins qu'on ne coupe en vert l'orge ou l'avoine avec laquelle ils se trouvent; dans ce cas, on peut avoir au mois de septembre ou d'octobre une coupe passable.

D. Comment récolte-t-on le trèfle?

R. On le fauche quand il est en fleur; puis on le laisse sécher, ce qui demande beaucoup de temps. Après l'avoir retourné plusieurs fois, on le met en meule, où il reste jusqu'à ce qu'il ait, comme on dit vulgairement, jeté son feu. On le rentre ensuite, quand il est bien sec.

D. Quel est son effet sur les animaux?

R. Vert ou sec, le trèfle est pour eux une bonne nourriture, surtout pour les chevaux et les porcs. Mais il faut éviter de le leur donner en vert en trop grande quantité, il pourrait leur occasioner quelque maladie. Mêlé à la paille, il n'offre aucun danger.

D. Combien de temps dure le trèfle?

R. Le trèfle est une plante bisannuelle, c'est-à-dire de deux ans; après la deuxième année, on le défriche pour le remplacer par les céréales ou une autre culture; quelquefois on enterre la deuxième pousse comme engrais.

D. Qu'est-ce que la lupuline ?

R. La lupuline, appelée aussi minette, est une plante fourragère qui tient du trèfle et de la luzerne. Sa fleur est jaune, ses feuilles fort petites et sa tige peu élevée.

D. Quelles sont ses propriétés ?

R. La lupuline remplace le trèfle sur les terres d'une médiocre qualité ; elle se cultive à peu près de la même manière. Quelquefois on la sème sur de mauvais terrains, pour servir de pâturages.

D. Quels avantages offre le sainfoin ?

R. Peu difficile sur le choix du terrain, le sainfoin prospère sur les sols légers et sablonneux ; ses racines pivotantes s'enfoncent entre les pierres, dans les graviers du sous-sol ; il résiste aux plus fortes sécheresses, et exige peu de frais de culture.

D. Quelles sont ses qualités comme fourrage ?

R. Le sainfoin donne un fourrage moins abondant, mais plus nourrissant que la luzerne ; on ne le fauche qu'une fois, à moins que ce ne soit un sainfoin à deux coupes, ou qu'on puisse l'arroser après la première coupe.

D. Comment sème-t-on le sainfoin ?

R. Le semis du sainfoin est à peu près le

même que celui de la luzerne et du trèfle ; la semence en quantité double du blé qu'on emploierait dans le même endroit, a besoin d'être recouverte par un hersage énergique qui casse les mottes et nivelle le terrain.

D. Quelles façons demande l'entretien de cette culture ?

R. On donne à cette culture les mêmes façons d'entretien qu'à la luzerne ; un hersage la deuxième année, au printemps ; des plâtrages ou marnages une fois ou deux pendant le cours de sa durée, qui est de cinq à six ans.

D. Comment récolte-t-on le sainfoin ?

R. On fauche le sainfoin en pleine fleur; quand il est sec, on le serre en meule, où il reste jusqu'à ce qu'il ait rendu son humidité intérieure. Toutefois, en le rentrant, il faut éviter une trop grande dessication, qui fait tomber les feuilles, et ne laisse que des tiges dures et insipides.

D. Comment en obtient-on la graine ?

R. Il faut saisir l'instant où cette graine est arrivée à sa maturité. On fauche le sainfoin le matin, à la rosée ; on le rentre avec précaution dans la grange, où on le bat quelques jours après.

D. Qu'est-ce que la spergule ?

R. La spergule est une plante fourragère qui se plaît sur les terrains frais et sablonneux, et qui a la propriété de fournir en peu de temps un excellent fourrage, même après une récolte de grain.

D. Comment se cultive-t-elle?

R. Au mois de juillet ou d'août, après l'enlèvement des céréales, on donne au sol un léger labour, sur lequel on la sème à la volée, 10 à 12 kilogrammes par hectare. Au mois d'octobre on a un bon pâturage.

D. Ne produit-elle pas plusieurs récoltes dans l'année?

R. La spergule peut donner deux ou trois récoltes par an, lorsque le semis a été fait au mois de mars. On la fauche pour la faire manger en vert par les bestiaux; elle convient également pour être enfouie comme engrais.

D. Qu'entend-on par prairies naturelles?

R. Les prairies naturelles sont des terrains où croissent des plantes qui donnent une herbe assez abondante, soit pour servir de pâturages aux bestiaux, soit pour être fauchée à sa maturité, et convertie en foin ou fourrage.

D. Comment divise-t-on les prairies naturelles?

R. Les prairies naturelles se divisent en quatre classes : 1° les prés secs; 2° les prés à une seule herbe; 3° les prés à deux herbes; 4° les prés marécageux.

D. Qu'entend-on par prés secs?

R. Les prés secs sont ces terres incultes situées tantôt sur les montagnes, tantôt dans le voisinage de certaines forêts, qui donnent une herbe courte et peu épaisse, où l'on fait pâturer les troupeaux. De cette classe sont des terrains communaux, où l'on ne rencontre le plus souvent que des genêts et des bruyères.

D. Que faire de ces terrains?

R. Ces terrains n'étant réduits à l'improduction que parce qu'ils restent sans culture, attendu qu'étant communaux, personne ne s'en occupe, doivent être affermés à long bail, et cultivés chacun selon sa nature.

D. Quelles sont les cultures dont ils sont susceptibles?

R. Les uns peuvent être transformés en terres labourables, ensuite en prairies artificielles; les autres cultivés comme pâturages; le reste, enfin, converti en plantations.

D. Qu'appelle-t-on prés à une seule herbe?

R. Les prés à une seule herbe sont ceux qui croissent sur des collines, au milieu des vallons, dans une bonne terre, où ils ont assez d'humidité pour produire des rourrages susceptibles d'être fauchés à leur maturité.

D. Quels sont les avantages et les inconvénients de ces sortes de prés?

R. Ces sortes de prés, lorsque les années sont humides, donnent des récoltes assez abondantes, qui sont même quelquefois suivies de regains; mais lorsque les années sont sèches, les récoltes sont presque nulles, et fournissent à peine de quoi faire pâturer les bestiaux.

D. Quel parti peut-on en tirer?

R. Au lieu de conserver ces prés, et de chercher à les amender par des travaux plus ou moins dispendieux, il est préférable de les défricher, et d'en former des terres arables dont les produits seront bien supérieurs à ceux des prairies.

D. Que deviendront ensuite ces terres?

R. Ces terres, après un certain nombre de récoltes, pourront être converties en prairies artificielles ou en toute autre culture, selon le système d'assolement qu'on adoptera.

D. Qu'appelle-t-on prés à deux herbes?

R. Les prés à deux herbes sont ceux dont la première coupe est suivie d'une récolte plus ou moins productive, susceptible d'être fauchée ou de servir de pâturage aux bestiaux.

D. Quelle est la position de ces sortes de prés?

R. Ces prés se trouvent ordinairement situés près des cours d'eaux, sur des sols fertilisés par des débordements, où la végétation est très-active.

D. Quels sont les avantages de ces prairies?

R. Ces prairies donnent chaque année des produits abondants en foin d'une excellente qualité, et n'exigent que quelques soins d'entretien.

D. Quels sont ces soins?

R. Ces soins consistent à substituer de bonnes plantes aux mauvaises, à niveler la surface du terrain, à l'étaupiner chaque année, à y pratiquer des irrigations. Les bons prés ordinairement ne demandent aucun de ces soins.

D. Comment obtient-on ces améliorations?

R. On améliore les prairies par des transports et mélanges de bonnes terres, par l'emploi du fumier, du plâtre, et quelquefois par l'usage de la chaux et des cendres, qui détruisent les herbes inutiles et activent la végétation.

D. Doit-on y multiplier les plantations?

R. Les plantations sont avantageuses dans les prés, quand l'ombrage ne peut nuire à la récolte ; celles des saules, des peupliers, etc., sont même nécessaires sur le bord des rivières, pour protéger le terrain contre les ravages d'un courant trop rapide.

D. Qu'appelle-t-on prés marécageux ?

R. Les prés marécageux sont ceux où croissent des plantes grasses qui pourrissent sur le sol ; une surabondance d'eau fait périr les plantes utiles, et y favorise le développement d'une foule de mauvaises herbes.

D. Comment les améliorer ?

R. La première et la plus importante de toutes les améliorations dans les prés marécageux, c'est le dessèchement, qui a pour but d'arrêter les eaux extérieures, et de faciliter l'écoulement de celles qui sont stagnantes à l'intérieur.

D. Comment s'opère ce dessèchement ?

R. Si l'on n'a qu'une petite étendue de prairie à dessécher, il suffira de creuser au milieu un fossé assez profond, allant aboutir à quelque rivière ou ruisseau voisin, et de pratiquer en divers endroits des rigoles ou saignées aboutissant toutes à ce fossé.

D. Comment s'y prend-on quand il s'agit de dessécher une plus grande étendue de terrain ?

R. Il faut l'entourer de fossés larges et profonds, pour arrêter les eaux extérieures ; en creuser plusieurs au milieu également profonds, pour recevoir les eaux intérieures et les faire écouler hors du terrain.

D. Que deviennent ces prés après le dessèchement?

R. Il faut niveler le sol par des remblais, faire disparaître les plantes aquatiques qui le couvrent, y mêler des sables et des graviers, lui donner de bons labours, y introduire la culture des céréales, pour le convertir ensuite en prairie.

D. L'écobuage ne s'emploie-t-il pas dans ce cas avec succès?

R. Oui; on lève par tranches le gazon avec ses racines ; et après l'avoir fait sécher au soleil, on le brûle dans des espèces de fours ou fourneaux. Quand le feu est éteint, on pulvérise les débris des tranches qui résultent de la combustion, pour les répandre sur le sol.

D. Quel est l'avantage de cette opération?

R. Cette opération débarrasse le terrain des mauvaises herbes et de leur semence; elle détruit en partie l'humidité dont il était chargé, et lui procure un engrais très-actif.

D. Comment se fait la récolte des foins?

8

R. Au moment où la plupart des plantes qui composent la prairie sont en pleine fleur, on les fauche ; puis on fanne le foin, qu'on rentre, lorsqu'il est bien sec.

D. Ne doit-on pas devancer quelquefois l'époque de la fauchaison ?

R. On devance l'instant de la fauchaison dans des cas particuliers ; lorsque par suite d'une inondation le foin se trouve entaché d'une sorte de rouille, qui le rend impropre à la nourriture des bestiaux ; étant fauché plus tôt, le pré donne une seconde coupe plus abondante.

D. A quoi reconnaît-on la qualité du foin?

R. Le bon foin est ordinairement vert, bien sec, et a une bonne odeur. Cette qualité provient de l'espèce des plantes, de la nature du sol, et du temps qui a accompagné la fenaison.

D. Comment conserve-t-on au foin sa verdure?

R. Il faut éviter que le foin, une fois fauché et hors des andains, reste exposé longtemps à la pluie et à de trop fortes rosées, qui lui donnent une teinte blanchâtre. On le met en tas pendant la nuit ; dans la journée on l'étend pour le rentrer lorsqu'il est sec.

D. Comment serre-t-on le foin dans le fenil?

R. Il faut avoir soin, quand on serre le foin, de le presser et de le tasser également dans le fenil, où il doit subir une fermentation nécessaire à sa bonne qualité : cette fermentation serait imparfaite si la masse était inégalement entassée.

D. Faut-il donner aux chevaux le foin nouvellement récolté ?

R. Non; il ne faut pas les nourrir uniquement de ce fourrage, il les échaufferait ; il est nécessaire d'attendre un mois, six semaines, qu'il ait jeté son feu.

D. Quels sont, en général, les meilleurs foins ?

R. Les foins produits par les prés à une seule herbe sont excellents pour les chevaux et les moutons; ceux des prés à deux herbes sont plus doux, plus abondants, mais moins savoureux; ils conviennent aux bêtes à cornes.

D. Qu'entend-on par regains ?

R. Les regains sont les herbes que donnent les prairies naturelles après une première coupe, et qu'on fait le plus souvent pâturer par les bestiaux.

D. Ne fauche-t-on pas aussi les regains?

R. On fauche une fois ou deux les regains, quand ils se trouvent sur des sols hu-

mides ou susceptibles de recevoir des irrigations; l'herbe qu'ils fournissent, mêlée à
une paille fraîche, donne un bon fourrage.

D. N'est-il pas nécessaire quelquefois de
défricher les prairies?

R. Il est quelquefois nécessaire de convertir en terres labourables les prairies qui,
après un certain nombre d'années, ne produisent plus que des récoltes médiocres et
de mauvaise qualité.

D. Comment cultive-t-on une prairie défrichée?

R. Il faut, après lui avoir donné deux labours croisés, ou même après un seul labour, y semer une bonne avoine, ou bien y
mettre des plantes qui demandent plusieurs
sarclages.

D. Que fait-on les années suivantes?

R. On y introduit pendant quelques années un système d'assolement qui exige des
cultures propres à nettoyer et à fertiliser le
sol, puis on le convertit en prairie.

D. Comment s'y prend-on pour convertir en prairie une terre arable?

R. On sème la graine de pré sur le blé
ou l'avoine qui suivent une culture sarclée
et binée, et on l'enterre très-légèrement.

D. Comment se procure-t-on de la semence pour le foin?

R. Il est facile de se procurer de la semence pour le foin, soit en le récoltant pour graine, soit en répandant celle qu'on trouve dans le fenil, soit enfin en l'achetant. Il est nécessaire que les plantes soient mélangées et appropriées à la nature du sol.

D. Doit-on faucher la prairie la deuxième année ?

R. Il ne faut pas faucher la prairie la deuxième année, il suffit de la faire pâturer. On peut ensuite la herser et la plâtrer au printemps, et la troisième année on possèdera une récolte abondante en fourrage.

8*

CHAPITRE TREIZIÈME.

Des Plantes oléagineuses.

—

D. Qu'entend-on par plantes oléagineuses?

R. Les plantes oléagineuses sont celles dont la graine produit de l'huile.

D. Quelles sont les principales plantes oléagineuses?

R. Les principales plantes oléagineuses sont : 1° le chanvre et le lin, qu'on nomme aussi plantes textiles, à cause de leur propriété de fournir de quoi faire de la toile; 2° le colza, la navette, la cameline, le pavot, qui, enterrés en vert, servent quelquefois d'engrais aux terrains.

D. Quels sont les sols propres à leur culture?

R. Le chanvre, le lin et le colza demandent des sols profonds, riches en terre végétale, et préparés par de bons labours. La navette, la cameline, le pavot, croissent sur des sols légers, sablonneux et beaucoup moins substantiels.

D. Quel rang occupent-elles dans les assolements ?

R. Les oléagineuses sont plus ou moins épuisantes ; elles précèdent ou elles suivent le froment, selon qu'on accompagne leur culture d'une plus ou moins grande quantité de fumier.

D. Comment se cultive le chanvre ?

R. Le chanvre se sème à la volée, sur un terrain profondément labouré et largement fumé, dans la proportion de 2 à 3 hectolitres par hectare. On le recouvre très-légèrement, ayant soin de casser les plus petites mottes de terre et de niveler la surface du sol.

D. De quel fumier fait-on usage ?

R. On se sert ordinairement d'un fumier court ou en poudre, tels que : le terreau, la colombine, la poudrette, qu'on répand moitié avant le dernier labour, moitié sur ce labour après avoir semé la graine.

D. Quel est le moment des semailles?

R. On sème le chanvre dans les premiers jours de mai, par une pluie douce ou quand la terre est un peu humide ; trop de sécheresse l'empêcherait de pousser ; des irrigations alors deviendraient indispensables.

D. Comment se fait la récolte du chanvre ?

R. Le chanvre se récolte à deux époques différentes ; on coupe d'abord ou on arrache brin à brin, dès que les têtes commencent à jaunir, le mâle, que les cultivateurs nomment femelle ; et un peu plus tard, quand la graine est mûre, on récolte la femelle.

D. Ne coupe-t-on pas quelquefois en même temps, et avant la maturité de la graine, le mâle et la femelle.

R. On coupe quelquefois simultanément le mâle et la femelle avant la maturité de la graine, quand on veut avoir une filasse plus douce et de meilleure qualité.

D. Comment, dans ce cas, obtient-on de la semence ?

R. On obtient de la semence en répandant au milieu des cultures sarclées quelques grains de chanvre, qui, par suite des façons qu'ils reçoivent et de l'intervalle qui les sépare, donnent des tiges beaucoup plus grosses et plus chargées de graine.

D. Quels soins exige le chanvre une fois récolté ?

R. Le chanvre, lié en petites bottes, est exposé au soleil, qui achève de mûrir le chenevis, d'où l'on extrait l'huile. On le dépose ensuite huit à dix jours dans l'eau, pour détacher de la tige l'écorce, ou matière fibreuse, qui, convertie en filasse et en fil, sert à la fabrication de la toile.

D. Quel est le meilleur chanvre?

R. Le meilleur chanvre est celui de la première récolte ; la filasse est préférable à celle de la deuxième : il convient de ne pas les mêler.

D. Qu'offre de remarquable la culture du lin ?

R. Quoique le lin vienne quelquefois sur un sol léger, il réussit mieux dans les terrains riches et suffisamment amendés. Il se cultive à peu près comme le chanvre, et donne comme lui une huile et une filasse assez estimées.

D. Quelle terre est encore plus favorable à cette culture?

R. Le lin fournit des récoltes beaucoup plus productives, quand il est semé sur un défrichement de prairies artificielles ou naturelles, après un labour et un bon hersage.

D. Quel effet produit-il sur un terrain?

R. Le lin épuise les terres ; il ne doit reparaître que tous les quatre ou cinq ans dans le même endroit. Il succède à une récolte sarclée, et précède ordinairement le blé, et quelquefois le trèfle, avec lequel on le sème.

D. Faut-il fumer pour la semaille du lin ?

R. Il est préférable de semer le lin après une culture fumée l'année précédente, à moins qu'on ne fasse usage d'un engrais pulvérisé.

D. Quelles sont les époques de la semaille et de la récolte du lin?

R. Le lin se sème au mois de mars, de la même manière que le chanvre, et se récolte lorsqu'on voit jaunir les têtes, tomber les feuilles, s'ouvrir les capsules qui renferment la graine.

D. Que devient-il ensuite?

R. Quand il est sec on bat les têtes pour en recueillir la graine, qu'on dépose sur un grenier, où on la remue pour empêcher qu'elle ne s'échauffe. Quant aux tiges, on les fait rouir comme le chanvre, pour en extraire les matières fibreuses qu'on convertit en filasse.

D. Quelle préparation demande la culture du colza?

R. On choisit ordinairement, pour cette culture, la meilleure terre possible. On lui donne à la charrue, ou plutôt à la bêche s'il est possible, un ou deux bons labours accompagnés de fumier.

D. Quand et comment se sème-t-il?

R. Le colza se sème sur la fin de juillet

ou au commencement d'août : 1° à la volée, comme le lin ; 2° en lignes espacées de 60 à 70 centimètres (70 à 80 grains par mètre) ; 3° en pépinière, pour être transplanté ; dans les deux premiers cas, il s'enterre à 3 ou 4 centimètres de profondeur. On emploie de 6 à 8 litres de graine par hectare.

D. Quand faut-il transplanter le colza ?

R. Le colza se transplante en octobre, à l'aide de la charrue ou du plantoir, en disposant les pieds en rayons de 30 à 45 centimètres d'écartement. On profite d'un temps pluvieux, où la terre est humide.

D. Quelles sont les façons nécessaires à cette culture ?

R. Cette culture a besoin de deux binages au moins ; l'un en mars, et l'autre au mois de mai. Dans les colzas semés à la volée il est nécessaire, au printemps, d'arracher les pieds trop rapprochés, qui pourraient se nuire.

D. Comment s'exécutent les binages ?

R. On bine avec la houe à cheval ou à main les colzas disposés en lignes ou en rayons. On se sert de la binette pour ceux qui sont semés à la volée.

D. Comment se récolte le colza ?

R. Lorsqu'il est arrivé à sa maturité, on le coupe à la faucille, tout près de terre, le matin, à la rosée, pour moins l'égrener. On l'entasse quelque temps dans la grange, où il achève de se mûrir, au moyen de la sève, qu'il reste encore dans la tige.

D. Comment en obtient-on la graine?

R. La graine de colza s'obtient au moyen du battage; on la transporte ensuite sur des greniers bien aérés, où elle finit de sécher, jusqu'au moment où on en extrait l'huile.

D. Doit-on cueillir pendant la végétation les feuilles du colza pour les bestiaux?

R. On ne saurait cueillir les feuilles du colza sans nuire à la qualité et à l'abondance de la récolte.

D. Qu'appelle-t-on colza d'été?

R. Le colza d'été est une espèce particulière qui se sème au printemps, et qui donne quelquefois des produits asssez abondants; sa culture est à peu près la même que celle du colza d'hiver.

D. Quel avantage tire-t-on de la navette?

R. La navette, outre l'huile qu'on extrait de sa graine, sert encore à nourrir les bestiaux, à engraisser les terrains où elle est enfouie en vert.

D. Comment se cultive-t-elle?

R. La navette se cultive à peu près comme le colza; elle demande moins d'engrais, moins de richesse dans le sol. Elle se sème ordinairement sur l'orge ou l'avoine, et toujours à la volée.

D. Quelle quantité de navette sème-t-on par hectare?

R. On emploie dans les bonnes terres environ un décalitre de semence; on en met un peu moins dans les terres médiocres. On l'enterre avec la herse ou la houe à cheval, à 4 ou 5 centimètres de profondeur.

D. Quels soins d'entretien lui sont nécessaires?

R. La navette veut être hersée immédiatement après l'hiver, par un temps sec, et binée, s'il est possible, quelque temps avant la floraison.

D. A quel moment se récolte la navette?

R. On récolte la navette au mois de juin, l'année suivante; quand elle est bien sèche, on la coupe et on la rentre avec précaution, de peur de l'égrener.

D. Comment sert-elle à nourrir les bestiaux?

R. La navette nourrit les bestiaux lorsqu'on la coupe en vert pour servir de fourrage pendant l'été ou l'hiver.

D. Qu'est-ce que la navette d'été?

R. La navette d'été est une espèce parti-

9

culière, qu'on sème en mai, et qui se cultive de la même manière que celle d'automne.

D. Quel est l'avantage de cette dernière ?

R. L'avantage de la navette d'été, c'est
qu'elle peut remplacer au printemps des
cultures d'automne qui ont manqué. On la
sème quelquefois pour être enfouie en vert
à la semaille du blé.

D. Qu'appelle-t-on cameline ?

R. La cameline est une plante oléagi-
neuse assez importante, non-seulement sous
le rapport de l'huile qu'on en extrait, mais
encore sous le rapport de l'engrais végétal
qu'elle procure.

D. Quelles terres lui conviennent ?

R. La cameline croît sur les terrains légers et même sablonneux ; elle se sème au
mois de juin, et se récolte au mois d'août,
pour faire place à la culture du blé.

D. Comment sert-elle d'engrais végétal ?

R. Elle sert d'engrais végétal lorsqu'on
la sème au mois d'août pour l'enterrer en
septembre, à la semaille du blé. Elle donne
le moyen de fertiliser une assez grande étendue de terrain, où on la répand dans la
proportion de 7 à 8 litres par hectare.

D. Qu'est-ce que le pavot ?

R. Le pavot est une plante dont la graine

fournit une espèce d'huile assez estimée qu'on nomme œillette.

D. Comment faut-il le cultiver?

R. Après une récolte d'été on choisit un sol léger et sablonneux, auquel on donne deux labours croisés; au mois d'octobre on sème la graine de pavot, dans la proportion de 2 ou 3 kilogrammes par hectare; on l'enfouit ensuite très-légèrement.

D. Quels soins d'entretien lui sont nécessaires?

R. Après l'hiver on le sarcle et on le bine avec précaution, puis on arrache les pieds trop rapprochés, et on ne laisse entre eux qu'un intervalle de 25 à 30 centimètres.

D. Quelle est l'époque de la récolte des pavots?

R. On récolte les pavots au mois d'août. Dès que les têtes commencent à jaunir, on les arrache et on les laisse quelque temps au soleil, qui achève de les sécher.

D. Que fait-on ensuite?

R. On rentre les pavots dans la grange, où l'on brise les capsules à l'aide du fléau, pour en obtenir la graine. Les débris servent à brûler ou à faire de la litière.

D. Que fait-on de la graine?

R. On la conserve en l'étendant à l'air dans un grenier, où on la remue fréquemment, jusqu'à ce qu'on puisse en extraire l'huile.

CHAPITRE QUATORZIÈME.

De la culture de la Vigne.

—

D. La vigne croît-elle sur tous les points de la terre?

R. La vigne ne saurait croître sur tous les points de la terre; on ne la cultive que dans certains climats particuliers.

D. Quels sont les endroits propres à sa culture?

R. La vigne se plaît dans les climats où le froid et la chaleur sont tempérés, entre le 35ᵉ et le 50ᵉ degré de latitude. C'est entre ces deux limites qu'on récolte les meilleurs vins du monde.

D. Que faut-il considérer quand on veut planter de la vigne?

R. Quand on veut planter de la vigne, on doit choisir un lieu dont l'exposition et la nature du sol conviennent le mieux à cette culture.

D. Quelle exposition faut-il préférer?

R. Quoiqu'on trouve des plaines qui donnent des vins fort estimés, cependant les côteaux plus ou moins inclinés de l'est au midi paraissent les plus favorables à la vigne.

D. Pour quel motif?

R. Parce que le raisin, nourri par une chaleur plus constante, y acquiert une maturité plus parfaite; et qu'au printemps, quand la vigne commence à végéter, elle a moins à craindre des gelées blanches, que si elle était en plaine ou à l'exposition du nord.

D. Quel terrain doit-on choisir?

R. La vigne s'accommode de toute espèce de terrain, pourvu qu'il soit assez léger et assez sec pour se laisser pénétrer par les rayons du soleil, par les racines des plantes et par les eaux pluviales. Certains plants cependant préfèrent une terre plus riche et plus substantielle.

D. Que faut-il observer encore dans la plantation de la vigne?

R. Il faut savoir qu'un plant, transporté sur un autre sol, s'y améliore ou dégénère, selon qu'il y trouve une terre et une exposition plus ou moins favorables que celles où il était d'abord; il est donc important d'approprier chaque plant au sol et au climat qu'on lui destine.

D. Est-il utile de mélanger les différentes sortes de plants?

R. Il est fort utile de mélanger les plants, attendu que certaines espèces résistent mieux que d'autres à l'intempérie des saisons. Ce mélange donne chaque année une récolte plus sûre, et de meilleure qualité.

D. Combien distingue-t-on d'espèces générales de plants ?

R. On distingue deux espèces générales de plants ; les plants fins ou menus plants, et les gros plants.

D. Qu'entend-on par plants fins ?

R. Les plants fins sont ceux qui fournissent la meilleure qualité de vin ; de ce nombre sont : le pineau blanc, le pineau noir, le pineau gris, le raisin perlé, etc.

D. Quelles sont les propriétés de ces plants ?

R. Ces plants craignent la gelée ; ils vieillissent beaucoup ; ils donnent une récolte peu abondante ; mais le vin est d'autant plus délicat que le plant est plus âgé.

D. Quels sont les terrains et l'exposition qui leur conviennent ?

R. Les plants fins, et particulièrement les pineaux, exigent une position du sud-est à mi-côte, dans une terre riche, plus forte que légère. Sur un sol maigre, ils produisent moins et s'épuisent plus vite.

D. Quelles sont les qualités du raisin perlé ?

R. Le raisin perlé, lorsqu'il est mûr, a un goût excellent. Le vin qu'il donne est généreux, soit rouge, soit blanc. Lorsqu'il n'est pas attaqué par la gelée, il fournit des produits assez abondants.

D. Quelle terre convient à ce plant?

R. Ce plant se plaît sur un sol en pente, dans une terre calcaire assez substantielle. Il redoute l'humidité, lors de la floraison : s'il a souffert du froid, il ne rapporte que deux ans après.

D. Qu'entend-on par gros plants?

R. Les gros plants sont ceux qui produisent toujours une assez grande quantité de raisins, et dont le vin en général est d'une médiocre qualité.

D. Sur quel terrain se cultivent les gros plants?

R. Les gros plants en général demandent des terres fortes ; ils se placent au pied des côteaux ; ils sont moins sensibles à la gelée que les menus plants ; ils s'accommodent de toutes les expositions, même de celle du nord.

D. Quel est l'usage des vins de gros plants?

R. Les vins de gros plants sont durs et verts ; ils ont besoin de vieillir pour avoir quelque qualité ; on les mêle souvent à des vins plus délicats, pour les soutenir et les empêcher de vieillir.

D. Quelles sont les différentes variétés de gros plants?

R. Les principales variétés de gros plants sont : le gamet, le gouais, le tresseau, le romain, etc. ; ces quatre plants sont extrêmement productifs, mais il faut éviter de les multiplier dans la même vigne, dans la crainte d'altérer la qualité de la récolte.

D. Quelles sont les autres variétés de gros plants?

R. Ce sont : 1° le meûnier, dont les feuilles semblent couvertes de farine ; il réussit dans une terre maigre ; sa maturité est précoce et son vin passable ; 2° le plant d'Orléans, espèce de raisin très-rouge, destiné à donner de la couleur aux autres vins.

D. Qu'appelle-t-on plant vert?

R. Le plant vert est un gros plant en blanc qui fournit une récolte fort abondante, mais d'une qualité médiocre ; on le cultive sur le sommet des côteaux ; il réussit aussi dans les terres un peu fortes.

D. Qu'est-ce que le sauvignon?

R. Le sauvignon donne un raisin blanc assez doux ; il croît ordinairement dans les terres argileuses ; il mûrit assez facilement ; le vin qu'on en tire est bon, il peut se boire la première année.

D. Qu'est-ce que le savagnin?

R. Le savagnin est un plant qui produit

aussi un vin blanc assez estimé; il se plaît à l'exposition du midi, sur les terres calcaires; les gelées lui sont funestes; il mûrit tard.

D. Comment propage-t-on la vigne?

R. La vigne se propage de plusieurs manières; par semis, par bouture, par greffe et provignage.

D. En quoi consiste le semis de la vigne?

R. Le semis de la vigne consiste à répandre au printemps, sur un terrain bien préparé, les pepins extraits des raisins en maturité, et conservés à cet effet.

D. Que penser de cette méthode?

R. Cette méthode, qui sert à multiplier et à améliorer les espèces de plants, est rarement employée pour la propagation ordinaire de la vigne. Cette culture exige trop de soins et de temps avant le moment de la récolte.

D. Qu'entend-on par bouture?

R. Une bouture est une branche de sarment détachée du cep, et qui, mise en terre, produit un plant de même espèce.

D. Combien distingue-t-on de boutures?

R. On distingue trois sortes de boutures; les boutures simples, les boutures à crossette, autrement dites chapons; les boutures chevelées, ou plants enracinés.

D. Qu'appelle-t-on bouture simple?

R. La bouture simple est un sarment de

9*

35 à 40 centimètres de longueur, dont les deux tiers sont formés de la pousse de l'année précédente.

D. D'où tire-t-on ces sortes de boutures?

R. Quand on taille la vigne, on les choisit sur les ceps de meilleur plant, qui paraissent pleins de vigueur ; on les rogne à l'extrémité inférieure, au-dessous d'un nœud, et à l'extrémité supérieure, assez près d'un œil (endroit où paraît le bourgeon).

D. Qu'est-ce que la bouture à crossette?

R. La bouture à crossette est un peu plus longue que la bouture simple. Elle est formée du bois de la dernière et de l'avant-dernière sève, et se termine en forme de petite crosse.

D. Qu'est-ce que la bouture chevelée?

R. La bouture chevelée n'est qu'une bouture à crossette, mise en pépinière pendant une ou deux années dans un terrain frais, où elle a reçu plusieurs binages ; quand on l'en retire pour la transplanter, elle a à son extrémité inférieure une foule de petites racines chevelues.

D. Qu'entend-on par provignage?

R. Le provignage est une opération qui a pour objet soit de rajeunir une vieille vigne, soit de propager un bon plant au moyen de sarments non détachés du cep.

D. En quoi consiste la greffe de la vigne?

R. La greffe est une opération qui a pour but de faire croître une espèce quelconque de vigne sur un autre pied que son pied naturel.

D. Comment greffe-t-on la vigne?

R. Au moment de la sève, on coupe à 5 ou 6 centimètres de terre, le cep, qu'on fend par le milieu dans un endroit sans nœuds. On introduit dans cette fente deux brins d'un autre plant amincis au plus gros bout; on fait coïncider les écorces, on les assujettit avec de la filasse ou de l'osier, et on entoure le tout de terre mouillée.

D. Qu'arrive-t-il ensuite?

R. On butte le cep qui vient d'être greffé; l'année suivante il en résulte des pousses plus ou moins longues, qu'on taille à volonté.

D. Combien y a-t-il de sortes de vignes?

R. Les vignes, selon qu'elles sont soutenues par des échalas, des perches en treillis, des arbres ou des pieux d'une certaine hauteur, se nomment vignes basses, vignes moyennes et vignes élevées.

D. Dans quelles contrées se trouvent les vignes élevées?

R. Les vignes élevées se trouvent dans les contrées méridionales. Elles s'entrelacent aux branches des arbres, et présentent des touffes de verdure agréables à la vue. Il est à regretter qu'elles ne donnent pas toujours une bonne qualité de vin.

D. Quel est l'avantage des vignes moyennes ?

R. Les vignes moyennes qui ont deux ou trois mètres d'élévation conviennent dans le midi, sur les sols secs et de couleur blanchâtre. Le raisin, qui a plus d'air, est moins exposé à être brûlé par les rayons du soleil.

D. Quelle est l'utilité des vignes basses ?

R. Les vignes basses sont plus communes dans les pays moins chauds ; les raisins, plus rapprochés de la terre, sont plus sensibles à l'influence et à la réverbération de la chaleur solaire, et mûrissent plus vite. Ces vignes quelquefois n'ont d'autre support que leur propre pied.

D. Quelles sont les cultures qui précèdent la plantation de la vigne ?

R. Quand on veut planter une vigne sur un terrain, il est bon d'y cultiver auparavant, soit des plantes qui exigent de fréquents binages, soit des prairies artificielles, dont les racines pivotantes ameublissent et divisent le sol.

D. Quels sont les travaux préparatoires ?

R. Avant de planter, il est nécessaire de donner à la terre un défoncement complet; il faut même quelquefois faire des fouilles assez profondes pour extraire les pierres qui nuiraient à l'extension des racines.

D. Comment s'exécute la plantation de la vigne?

R. La vigne se plante au printemps, de deux manières différentes; d'abord au plantoir : à l'aide de cet instrument, on fait, suivant un certain alignement, des trous dans lesquels on place dans une position inclinée les boutures, auxquelles on ne conserve que deux nœuds hors de terre.

D. Quelle est la deuxième manière de planter?

R. Elle consiste à creuser parallèlement dans toute la longueur du terrain, des fosses ou des tranchées de 35 à 40 centimètres de largeur, sur autant de profondeur, dans lesquelles on met les boutures chevelées ou à crossette, comme on a fait dans le premier cas.

D. Que fait-on ensuite?

R. On recouvre le plant de terre qu'on foule avec le pied si elle est légère, et qu'on se contente de niveler quand elle est lourde et argileuse.

D. Quelle distance met-on entre chaque plant?

R. La distance varie selon l'espèce de plant, et la nature des terrains. La distance moyenne est de 0,75 centimètres entre les ceps de chaque rangée, et de 1,50 entre chaque rangée.

D. Quel est l'inconvénient d'un trop grand rapprochement dans les ceps?

R. Lorsque les ceps sont trop rapprochés, les racines se nuisent réciproquement; il en résulte en outre un feuillage épais et touffu, qui rend les raisins moins accessibles à l'action de l'air et du soleil, et les empêche souvent d'arriver à une maturité complète.

D. Quelle est, après la plantation, la plus importante des opérations relatives à la vigne?

R. La plus importante des opérations relatives à la vigne, celle dont dépend le plus souvent la prospérité de cette culture, c'est la taille.

D. Quel est son objet?

R. La taille a pour but de débarrasser chaque cep d'une foule de branches qui épuiseraient inutilement la sève, et de concentrer sa force sur certaines parties, qui donnent ensuite une meilleure récolte.

D. Que faut-il connaître pour cette opération?

R. Il est nécessaire de savoir que dans les sarments, les yeux ou boutons inférieurs sont toujours ceux qui donnent des bourgeons à fruit, et que ce sont ceux qu'il faut ordinairement conserver.

D. Comment s'exécute la première taille?

R. La première taille de la vigne consiste

à couper entièrement la plus faible des deux pousses produite par l'un des deux yeux, l'année précédente, et de rogner l'autre au-dessus de son premier œil.

D. Qu'appelle-t-on courson?

R. On appelle courson, ou flèche, la partie qui, après la taille, reste sur la souche, ou tige principale du cep; on lui laisse un œil ou deux, selon la force de ce cep.

D. Comment se fait la deuxième taille?

R. Si la vigne est destinée à devenir une vigne moyenne, on la taillera sur le bois de trois ans, que l'on coupera au-dessus du deuxième ou troisième œil, et on aura soin d'enlever toutes les autres pousses qui entourent le cep.

D. Comment se fait la deuxième taille de la vigne basse?

R. A la deuxième taille on ne conserve à la vigne basse que deux flèches, ou coursons; un seul même suffit à la vigne à pied. On choisit la branche la plus proche de terre, et on abat l'autre.

D. Comment s'exécute la troisième taille?

R. Dans les vignes basses, on laisse encore les deux flèches de l'année précédente, mais selon la force du cep on leur donne un ou deux yeux de plus. Dans la vigne à pied, les branches à fruit doivent toujours partir de la souche.

D. Comment se fait la quatrième taille?

R. La vigne, parvenue à l'époque de la quatrième taille, exige qu'on laisse trois sarments, et qu'on donne toujours deux yeux aux plus vigoureux.

D. Quelle règle générale faut-il observer pour la taille de la vigne basse?

R. La tige de la vigne basse, qui n'est ordinairement divisée qu'en deux branches principales, ne doit avoir sur chaque branche que deux ou trois flèches à deux ou trois yeux chacune, selon la force du bois. La vigne à pied demande trois ou quatre flèches taillées, à un ou deux yeux.

D. Comment taille-t-on les vieilles vignes et celles qui ont souffert de la gelée?

R. Dans ces sortes de vignes, il faut conserver avec grand soin les jets qui naissent au bas de la souche sur le vieux bois, afin de pouvoir couper les branches mères sur lesquelles on avait taillé jusqu'alors, et de rajeunir le cep en lui substituant les nouveaux jets.

D. Quel inconvénient y a-t-il à donner à une vigne plus ou moins de flèches et d'yeux?

R. Une vigne chargée de flèches ou d'yeux produit une récolte plus abondante, mais elle s'épuise promptement. Une vigne trop peu chargée pousse avec vigueur, et ne donne souvent que du bois. Il faut savoir tenir un juste milieu.

D. Quelle est l'époque de la taille des vignes?

R. Dans les climats où l'on n'a point à craindre pour les flèches ou les bourgeons les gelées d'hiver ou de printemps, on peut tailler après la chute des feuilles; mais dans le cas contraire, il vaut mieux attendre le retour de la belle saison, le mois de mars ou d'avril.

D. Quels sont, après la taille, les soins nécessaires à la culture de la vigne?

R. Aussitôt après la taille, il faut ramasser tous les sarments qui en résultent, planter au pied de chaque cep un ou plusieurs échalas, pour y accoler les jeunes pousses, qu'on coupe ensuite à leur hauteur.

D. Que penser de l'emploi des échalas?

R. L'emploi des échalas, destinés à soutenir les sarments chargés de fruit, et à les défendre contre la violence du vent, offrent quelques inconvénients.

D. Quels sont ces inconvénients?

R. Le premier, c'est d'être d'un entretien fort dispendieux; le second, c'est de former par l'effet des branches qui s'y rattachent, des touffes de feuillages souvent impénétrables aux rayons du soleil.

D. Quels sont les moyens de remédier à ces inconvénients?

R. Pour remédier à ces inconvénients, il faudrait adopter un autre système de culture; mettre une bien plus grande distance entre les rangées, tailler la vigne sur un seul pied, et en éventail, de manière qu'on pût lier les sarments en faisceaux, ou en former des palissades.

D. Quelles sont les autres opérations relatives à la culture de la vigne?

R. Ces opérations consistent à l'ébourgeonner, à la rogner, à l'effeuiller lorsqu'il est nécessaire.

D. Qu'entend-on par ébourgeonner une vigne?

R. Ebourgeonner, c'est supprimer toutes les pousses inutiles qui partent du pied, tous les petits jets qui naissent sur la tige autour des boutons avec tous les faux bourgeons, qui épuiseraient inutilement la sève.

D. Qu'appelle-t-on faux bourgeon?

R. On appelle faux bourgeon, ou contre-bourgeon, celui qui sort après le vrai bourgeon, sur la même flèche, du même œil. Il est ordinairement infructueux; quelquefois cependant on le conserve, lorsque le premier vient à manquer.

D. A quelle époque se fait l'ébourgeonnement?

R. L'ébourgeonnement a lieu avant ou après l'époque de la floraison, et c'est après cette opération que se fait le liage, puis le rognage des sarments.

D. En quoi consiste l'effeuillage ?

R. L'effeuillage consiste à enlever les touffes trop épaisses de feuilles, qui dérobent au fruit les rayons du soleil, et l'empêchent de mûrir. Cette opération doit se faire avec discernement, et à plusieurs reprises ; il y aurait du danger à exposer tout d'un coup le raisin à l'influence de l'atmosphère.

D. Comment s'exécute le provignage ?

R. Quand on aperçoit dans une vigne des endroits vides, des pieds trop vieux, ou du mauvais plant, on creuse à leur place, pendant l'hiver, des fosses plus ou moins profondes, et au commencement du printemps on courbe dans ces fosses un ou plusieurs sarments des ceps voisins.

D. Que fait-on ensuite ?

R. On recouvre ces sarments de fumier et de terre, en ne leur laissant que deux ou trois yeux au-dessus du sol ; et après en avoir fixé l'extrémité à des échalas, on leur donne plusieurs façons dans l'année.

D. Que deviennent ces provins ?

R. Les provins se nourrissent deux ans aux dépens de la souche, après quoi on les détache en les coupant. La première année ils donnent des raisins, mais ce n'est qu'au bout de 3 ou 4 ans qu'ils sont en plein rapport.

D. Comment s'opère la première taille des provins ?

R. Si les provins ont produit deux jets également forts, on les taille l'un et l'autre à deux, trois ou quatre yeux. Si l'un d'eux est plus faible, on le taille plus court ; s'il se trouve trois jets, on enlève celui de dessus ; quelquefois même on n'en garde qu'un seul, quand les autres sont peu vigoureux.

D. Comment, en général, se taillent les provins ?

R. La taille des provins se règle sur leur force et sur leur âge ; on les charge plus ou moins qu'on les croit plus ou moins capables de produire sans épuisement.

D. Combien de labours exige la culture de la vigne ?

R. La vigne, selon le terrain et l'exposition, exige deux ou trois labours ; le premier, après la taille ; le deuxième, avant ou après la floraison ; le troisième, avant l'époque de la maturité.

D. Quel est l'effet des labours sur les vignes ?

R. Les labours ont pour but de détruire les mauvaises herbes, de diviser la superficie du sol et de le rendre plus sensible à l'action de l'air et du soleil.

D. Comment s'exécutent-ils ?

R. Ils s'exécutent le plus souvent à l'aide de la houe, qui est ronde, carrée, ou triangulaire, selon le besoin des terrains. Ces labours devront être plus ou moins profonds, suivant qu'ils seront donnés sur une terre plus ou moins forte.

D. Quelle précaution demande cette opération?

R. Il faut éviter avec grand soin de rencontrer les racines avec le fer de l'instrument, de peur de les endommager. Il faut aussi, quand on laboure en côte, se placer en travers, pour ne point entraîner la terre au bas de la vigne.

D. Quels sont les travaux d'hiver relatifs à la vigne?

R. C'est ordinairement dans l'hiver qu'on porte des terres aux pieds des ceps, qu'on fait des fosses pour les provins, et que l'on conduit les fumiers qui leur sont destinés.

D. Quel est l'effet du fumier sur la vigne?

R. Le fumier excite une végétation vigoureuse, qui donne une récolte beaucoup plus abondante; mais le vin n'a le plus souvent aucune qualité, et porte avec lui le goût et l'odeur des substances qui l'ont produit.

D. Quels sont les engrais les plus propres à cet usage?

R. On préfère aux fumiers gras et substantiels, les engrais provenant d'un mélange de fumier frais, avec les terres qui résultent du curage des étangs, des mares, des fossés et des balayures des rues. Ces matières tempèrent la force du fumier, et la rendent plus durable.

D. N'y a-t-il pas encore d'autres moyens d'amender la vigne?

R. On peut encore amender la vigne soit par l'usage de la marne, et autres substances calcaires, soit par l'emploi sagement combiné des cendres, de la suie, de la colombine, etc. On se sert également avec succès des engrais végétaux, qu'on répand au pied des ceps après les avoir déchaussés.

D. Quels sont les accidents auxquels est exposée la vigne?

R. Les principaux accidents auxquels est exposée la vigne, sont : la gelée et la coulure.

D. Quel est l'effet de la gelée?

R. La gelée du printemps saisit les bourgeons au moment où ils se développent, détruit le fruit qu'ils renferment.

D. Quel moyen indique-t-on pour préserver la vigne de la gelée?

R. On ne connaît guère de moyen bien efficace contre la gelée; cependant on réussit quelquefois à en préserver la vigne, en allumant le matin, dans une certaine direction, des torches de paille mouillée, qui produisent une épaisse fumée, et que le vent porte dans toute l'étendue de la vigne.

D. Qu'est-ce que la coulure?

R. La coulure est un accident de la vigne causé par des pluies continuelles, par des froids ou des grands vents qui surviennent quelquefois pendant ou après la floraison, et qui occasionent l'avortement des fleurs et la chute des fruits.

D. Existe-t-il des préservatifs contre la coulure?

R. Le seul préservatif qu'on connaisse contre la coulure, consiste à faire au moment de la sève, autour d'une branche du cep, deux légères incisions tout près l'une de l'autre, et à en détacher la bande circulaire de l'écorce qui se trouve comprise entre elles.

D. Que penser de ce procédé?

R. Ce procédé, qu'on ne saurait employer que dans de petites cultures n'est en général point en usage. Dans les vignes où il a été usité, on s'est aperçu que le vin n'avait ni la même force ni la même qualité que celui des vignes ordinaires.

D. A quelle époque se fait la récolte des vignes?

R. La récolte des vignes n'a pas d'époque toujours déterminée; elle dépend non-seulement du climat, mais encore de la température, qui, dans certains pays, est très-variable. Les vendanges ne doivent s'ouvrir que quand le raisin est dans une pleine maturité, à moins que les mauvais temps ne la rendent impossible.

D. Que devient le raisin après la récolte ?

R. Le raisin, écrasé et broyé dans des baquets, est déposé dans une cuve d'une certaine capacité, où on le foule encore à mesure qu'on le décharge, de manière à lui faire rendre tout son jus.

D. Qu'arrive-t-il ensuite ?

R. Quelque temps après il s'établit dans la masse une fermentation plus ou moins active, qui fait remonter le marc, ou débris de raisins.

D. Faut-il laisser le vin fermenter en repos ?

R. Dans certains pays, dès le commencement de la fermentation, on foule la vendange trois ou quatre jours consécutifs, après quoi elle reste en repos jusqu'au pressurage ; ailleurs on la laisse, sans la fouler, fermenter dans une cuve exactement fermée.

D. Quel est l'effet de ces deux procédés ?

R. La fermentation en plein air, accompagnée du foulage est plus uniforme, le vin a plus de couleur ; mais il a plus de force et plus de goût quand cette fermentation a été concentrée dans la cuve.

D. Que doit-on faire dans cette circonstance ?

R. Il faut employer des moyens qui réunissent l'avantage de ces deux procédés ; il faut, pendant la fermentation dans une cuve bien close, pouvoir retenir la vendange au milieu du liquide, sans qu'elle remonte à la surface.

D. Quels sont ces moyens ?

R. Il en existe plusieurs ; mais le plus simple est de faire cuver la vendange dans de grands tonneaux, ou foudres, remplis aux cinq-sixièmes, dont la bonde n'offre à l'air qu'une légère issue ; l'intérieur concave de ces tonneaux empêche au marc de s'élever, et le tient constamment plongé dans le liquide.

D. Quel inconvénient y a-t-il à laisser cuver le vin plus ou moins long-temps ?

R. Le vin peu cuvé est généralement dur, et susceptible de mieux conserver sa qualité. Le vin trop cuvé, au contraire, est plus doux et plus délicat, mais il vieillit plus vite.

D. Que faut-il faire après le cuvage ?

R. Au bout de six, huit ou dix jours, la fermentation cesse, alors le vin est fait ; on le tire au moyen d'une cannelle placée à la partie inférieure de la cuve, et devant laquelle on a mis intérieurement une botte de sarment, pour arrêter les grappes et les pepins ; on a ainsi le meilleur vin, ou la première goutte de la cuvée.

10

D. Que devient le marc ?

R. Lorsqu'il est bien égoutté, ou le porte sur le pressoir, et on en extrait par trois ou quatre serres le vin qu'il contient, et qu'on ne mêle pas avec le premier, comme étant d'une moindre qualité.

D. Comment se fait le vin blanc ?

R. On fait un choix des meilleurs raisins blancs ; on les coupe avec précaution, et le soir on pressure la vendange du jour ; on reçoit le vin dans des tonneaux qu'on ne doit point fermer, à cause de la fermentation qui s'y établit presque aussitôt.

D. Comment fait-on le vin mousseux ?

R. Pour faire le vin mousseux, on prend les raisins noirs de meilleure qualité. On les pressure immédiatement, et on emplit aux trois quarts les tonneaux, auxquels on laisse une légère ouverture par la bonde. La fermentation se manifeste bientôt ; on la laisse durer douze à quinze jours.

D. Qu'arrive-t-il ensuite ?

R. On remplit les tonneaux, et on les scelle le plus solidement possible. Au milieu de l'hiver on soutire le vin, puis on le colle à la colle de poisson. Un mois, six semaines après on renouvelle le collage, et au mois de mai le vin peut être tiré en bouteille.

D. Quel soin demande cette opération ?

R. On met dans chaque bouteille une

cuillerée d'une dissolution de sucre candi,
dans un volume égal de vin blanc ; on la
bouche avec de bons bouchons, qu'on assujettit d'une manière quelconque, et on place
ces bouteilles dans une position inclinée, le
goulot en bas.

D. Que deviennent-elles dans cette position ?

R. Il se forme à l'intérieur un dépôt qui
s'attache au bouchon ; on fait sortir ce dépôt, en débouchant avec précaution les bouteilles, qu'on tient toujours le goulot en bas ;
on y met une nouvelle dose de sirop, et on
les dépose à leur place, après les avoir solidement bouchées.

D. Que fait-on ensuite ?

R. Un nouveau dépôt se forme encore,
on répète une fois, deux fois la même opération, jusqu'à ce que le vin soit bien éclair-
ci, et qu'on ne voie plus de dépôt sur le bouchon. L'année suivante le vin sera bon à
boire.

NOTIONS

RELATIVES AUX ÉLÉMENTS DE LA VÉGÉTATION (1).

L'air, l'eau, la terre et la chaleur, voilà les quatre conditions essentielles de la végétation.

Long-temps on a cru que ces substances étaient des éléments, ou corps indivisibles ; mais de nombreuses expériences ont démontré que l'air et l'eau sont eux-mêmes composés de principes élémentaires ou gaz, fluides, légers, transparents, et quelquefois invisibles ; que la terre est aussi formée de corps simples unis à ces gaz. Quant à la chaleur, dont on attribue la cause à un principe nommé calorique, elle est restée jusqu'ici indécomposable.

---

(1) Ce chapitre est spécialement destiné aux instituteurs, qui y trouveront quelques principes nécessaires pour le développement qu'exigent quelques-unes de nos leçons.

De l'Air.

—

L'air, ce fluide dans lequel nous vivons, est composé de quatre gaz : l'oxygène, l'azote, l'acide carbonique, et la vapeur d'eau. 0,21 centièmes en volume d'oxygène, et à peu près 0,79 d'azote, avec une très-faible partie d'acide carbonique et de vapeur d'eau ($\frac{1}{2000}$) produisent une unité d'air.

Une des principales propriétés de l'air, c'est de servir à l'entretien de la vie animale et végétale.

Dans le phénomène de la respiration, l'air, après avoir vivifié le sang dans les poumons, est rejeté par l'expiration. Au lieu de trouver comme auparavant 0,21 d'oxygène sur 0,79 d'azote, on n'en trouve plus que 0,18 à 0,19, et 0,02 à 0,03 d'acide carbonique, gaz délétère et susceptible de donner la mort, lorsqu'il existe en trop grande quantité.

Cette transformation d'oxygène en acide carbonique par l'effet de la respiration, rend dangereuse les réunions trop nombreuses dans une salle étroite. Il devient nécessaire de tenir les fenêtres ouvertes pour renouveler l'air.

Un homme en un jour peut absorber de 7 à 800 décimètres cubes d'oxygène,

10*

et altérer de 3 à 4 mètres cubes d'air atmosphérique. L'état de l'atmosphère devrait donc changer pour cette cause, mais les végétaux absorbent les principes de l'acide carbonique par lequel l'air serait vicié, et dégagent le gaz oxygène. C'est par cette sage combinaison que l'auteur de la nature a pourvu à la conservation des principes élémentaires de la vie animale et végétale.

L'air est pesant; différentes expériences ont démontré sa pesanteur. Il exerce une pression très-forte sur tous les corps qui sont à la surface du globe. Le poids d'une colonne d'air atmosphérique est égal à celui d'une même colonne d'eau de 32 pieds de hauteur.

Un homme d'une taille ordinaire supporte une colonne d'air de 15 mille kilogrammes; l'air intérieur suffit pour faire équilibre à cette masse énorme, et empêcher qu'il ne soit écrasé sous son poids. C'est cette pression qui détermine les liquides à monter dans un corps de pompe, d'où l'on extrait l'air intérieur au moyen du piston. C'est cette même pression qui cause l'ascension de la colonne de mercure dans le baromètre.

On nomme atmosphère cette couche d'air qui enveloppe le globe terrestre, et où l'on voit briller le soleil pendant le jour, et pendant la

nuit la lune et des milliers de corps lumineux.
Cette surface sphérique, à laquelle on donne
le nom de ciel, a ordinairement une teinte
bleuâtre. Souvent elle se couvre de nuages
épais, qui nous dérobent la vue du soleil ;
tant que l'air peut les supporter, ils se pro-
mènent dans l'espace, emportés par le vent.
Mais si l'air se raréfie et cesse de leur faire
équilibre, on les voit se résoudre en une
pluie plus ou moins abondante. Cette va-
riation dans la température est ordinairement annoncée d'avance par l'abaissement
du mercure dans la colonne barométrique.
Quoique ce ne soit pas toujours là un signe
certain de changement de temps, cependant
on peut le craindre lorsqu'on voit descen-
dre le baromètre.

De l'Eau.

L'eau, cette substance si utile à la végétation, se compose de deux gaz : l'oxygène et
l'hydrogène. Dans 10 kilogrammes d'eau
pure, on trouve en oxygène 8,829, et 1,171
en hydrogène ; ce qui donne, par rapport
au volume, une partie d'oxygène sur deux
d'hydrogène, ce dernier gaz occupant plus
de place que le premier. Ces principes ont

la propriété de décomposer certains corps, de se combiner dans l'intérieur du sol avec d'autres éléments, et d'activer ainsi d'une manière puissante le développement des végétaux.

L'eau se présente à nos regards sous trois aspects différents.

A l'état liquide, c'est son état naturel, elle est un principe de fertilité pour toutes les terres en général. Les eaux pluviales sont plus riches que toutes les autres, et plus précieuses pour l'agriculture. Il convient de les introduire par des irrigations bien ménagées, dans les champs, où elles déposent un limon, qui est la source d'une fécondité merveilleuse.

Echauffée par les rayons ardents du soleil, l'eau se réduit en gaz ou vapeur. A cet état elle est plus légère que l'air, et s'élève dans l'atmosphère, où peu à peu elle se condense, et forme des nuages. De là elle redescend, tantôt en brouillard épais, tantôt en une douce rosée, tantôt enfin en une pluie abondante. Si, dans les régions supérieures de l'atmosphère, les gouttes qu'elle forme en tombant sont saisies par un froid subit et violent, au lieu de pluie il en résulte de la neige, et quelquefois de la grêle.

Les eaux qui tombent des montagnes élevées pénètrent les couches intérieures de ces montagnes, arrivent au pied, d'où elles jaillissent en sources qui donnent naissance aux fontaines, aux ruisseaux, aux rivières, etc. Si les couches qui ont été traversées sont composées de substances sulfureuses, salines ou ferrugineuses, les eaux se trouvant imprégnées de leurs principes, produisent des eaux minérales, dont l'usage est favorable à la conservation de la santé.

L'eau paraît encore à l'état solide ; c'est lorsqu'elle a été soumise à un froid vif et intense, elle se change en glace. Au moment de la congélation, le volume de glace est plus considérable que celui de l'eau qui l'a produite ; voilà pourquoi elle casse les vases remplis de ce liquide, dans lesquels elle a été formée, lorsqu'ils n'ont qu'une petite ouverture.

La gelée a un effet préjudiciable aux récoltes, dans les terres surtout exposées aux inondations. Si, après des pluies abondantes ou un débordement, la gelée survient immédiatement, le sol est resserré par le froid, et la plupart des plantes se trouvent arrachées ou déracinées par suite de cette contraction.

—

La Terre.

—

La terre, comme les autres corps, a été

soumise à la décomposition ; on y a décou-
vert des gaz, l'oxygène, l'acide carbonique
et quelquefois l'hydrogène, unis à des corps
simples, tels que : le silicium, l'alumnium,
le calcium, etc., etc. C'est le mélange de
ces principes, selon différentes proportions,
qui constitue la différence entre les espèces
de terrains. La terre est formée soit par les
débris végétaux qu'on répand à sa surface,
soit par le détritus, ou fragments pulvérisés
des roches ou pierres calcaires, argileuses,
siliceuses, etc., etc., qu'elle renferme dans
son sein.

De la Chaleur.

La chaleur, ce principe essentiel de la vie
animale et végétale, est produite par un
fluide indécomposable appelé *calorique,*

Ce fluide tend toujours à se mettre en
équilibre entre les corps, c'est-à-dire à se
communiquer du plus chaud au plus froid,
jusqu'à ce que leur température soit égale.
Les mots de froid et de chaud dans ce cas
n'ont qu'un sens relatif. Tel corps, jugé
chaud par comparaison avec un autre plus
froid ou moins chaud, paraîtra froid par
rapport à un autre corps plus chaud.

Toute augmentation de calorique occasione en nous la sensation de la chaleur, et toute déperdition, au contraire, produit le froid.

Le calorique augmente le volume des corps ; en effet, nous voyons les solides, les métaux principalement, les liquides, les gaz, lorsqu'ils sont soumis à une forte chaleur, se dilater sensiblement; puis revenir à leur état primitif, lorsqu'ils perdent leur calorique. Toutes les fois qu'un corps quelconque passe de l'état solide à l'état liquide, et de l'état liquide à l'état de gaz ou de vapeur, il y a absorption du calorique. Ainsi, le seul moyen de rafraîchir un appartement pendant l'été, c'est d'y répandre de l'eau. Cette eau, en se vaporisant, absorbe une certaine partie de la chaleur, et occasione ainsi un peu de fraîcheur dans l'air.

On attribue à plusieurs causes la production de la chaleur.

Le soleil, en éclairant le globe, l'échauffe de ses rayons vivifiants. Sa chaleur s'accumule à la surface du globe, pénètre dans l'intérieur de la terre, où elle est pour tous les végétaux une cause et un principe de fécondité. Les corps noirs absorbent les rayons du soleil, les blancs les réfléchissent; de là il résulte que les terres noires sont plus productives que les terrains crayeux, que les argiles blanches.

La combustion produit aussi la chaleur. Ce phénomène consiste dans la combinaison de l'oxygène de l'air avec les différents gaz qui composent les matières combustibles (l'oxygène, l'hydrogène, le carbone, etc.). On active ordinairement la combustion par l'agitation et la condensation de l'air sur le foyer; c'est ce qui a donné lieu à l'invention des soufflets.

Le frottement de deux corps l'un contre l'autre est également accompagné de chaleur. Les sauvages n'ont pas d'autre moyen d'allumer du feu, qu'en frottant deux morceaux de bois.

On connaît aussi le danger que présente une voiture fortement chargée qui roule avec trop de rapidité; le moyeu peut s'enflammer par le frottement de l'essieu : dans l'été, on est souvent obligé d'y jeter de l'eau, pour prévenir cet inconvénient.

Enfin toute fermentation est presque toujours accompagnée de chaleur; il y a combinaison d'oxygène avec la matière qui fermente. C'est ce qui rend les fumiers si précieux en agriculture; c'est pour ce motif que, lorsqu'on désire une végétation prompte et active, on fait usage d'une plus grande quantité de fumier, comme devant fournir plus de chaleur.

EXPLICATION DES FIGURES.

Planche Première.

La charrue simple, ou araire, se compose (*fig.* A *et* B) :

1° De l'âge A A ;
2° Du manche M M ;
3° Du sep P P ;
4° Du soc S S ;
5° De deux montants T T ;
6° Du coutre C C ;
7° Du versoir ou oreille V V.

1° L'âge A A est une pièce de bois tantôt droite, tantôt recourbée, fixée par un bout à l'extrémité inférieure du manche M M, et soutenu par deux montants inégaux, en fer ou en bois, T T. Ces montants sont appuyés sur le sep P P, auquel est adapté le soc S S, qui est tantôt à double aîle tranchante, en forme de fer de lance (*fig.* C), tantôt à une seule aile (*fig.* F.)

2° Le versoir ou oreille V V, sert à retourner la bande de terre que détache le coutre C C, et que soulève le soc S S. Ce versoir est tantôt double (*fig.* B), tantôt simple (*fig.* A). Dans ce dernier cas il est

11

fixe ou mobile; fixe, il se place toujours à droite du
sep: mobile, il se met soit à gauche, soit à droite,
et alors le soc est à deux ailes (*fig. A*).

5° Une chaîne qui tient à l'âge A A par un collet,
des anneaux ou crochets en fer, sert à fixer la puissance de l'attelage sur un point quelconque de cet
âge, et selon que ce point est plus ou moins près du
coutre C (*fig.* E *et* D), l'âge lève ou baisse; l'angle
formé par la droite horizontale I U et l'oblique A I,
s'agrandit ou se rétrécit; la pointe du soc tend à sortir du sol ou à y entrer, et le sillon est moins profond dans le premier cas; il l'est davantage dans le
second.

La figure G représente une araire perfectionnée;
elle a de plus que les autres des roues, un régulateur placé à l'extrémité de l'âge. Ce régulateur s'a-
baisse ou se lève à volonté, selon qu'on veut avoir
un sillon plus ou moins profond.

Figure J. Machine nommée scarificateur, espèce
de plateau garni de dents en fer, et adapté au manche et à l'âge d'une charrue ordinaire.

Figures I et II. Houes à cheval; machines composées de lances tranchantes et triangulaires, fixées à
un appareil en bois soutenu par une roue, et pour-
vues d'un manche qui sert à les diriger.

Planche Deuxième.

Figure D. Charrue composée, à avant-train et
arrière-train : arrière-train formé à peu près des mêmes pièces que l'araire; avant-train composé :

1° Des roues R R;

2° De la sellette J ;

3° Du têtard T ;

4° De l'épart E ;

5° Des palonniers P P.

Sur l'essieu est fixé : 1° la sellette J, sur laquelle est appuyé l'âge A ; 2° le têtard T T, qui est maintenu dans une position horizontale par la chaîne G, embrassant l'âge. A l'extrémité du têtard se trouve l'épart E, où sont attachés les palonniers P P, qui servent à fixer la puissance de l'attelage.

L'avant-train tient à l'arrière-train par une chaîne qui part du têtard T, et vient embrasser par un collet l'âge plus ou moins près du coutre C, où elle est retenue par des crochets en fer, ou une cheville qu'on rapproche plus ou moins du coutre, selon le degré de profondeur qu'on veut donner au labour.

Figure B. Charrue Champenoise ; construite à peu près comme la précédente, et différant de la charrue ordinaire par l'inégalité de ses roues.

Figure A. Charrue Grangé. Cette charrue comprend de plus que les autres, deux leviers.

Le premier, O' O, soutenu sur deux montants, sert lorsqu'on appuie en O' à soulever le soc, en tournant à la fin de chaque sillon.

Le deuxième, L' L, fixé en L' au têtard T, passe sous l'essieu, et s'attache en L au manche M, qui, lorsque l'attelage est en marche, se trouve fortement serré, et en quelque sorte maintenu dans sa position naturelle.

Figure C. Charrue à deux socs, pour défoncement. Les deux socs S S sont adaptés au même âge, et placés l'un devant l'autre ; le premier, qui est destiné à la première bande, peu profonde, est moins fort que le deuxième, qui entre plus avant dans la terre, où il rencontre plus d'obstacles.

L'âge A est soutenu sur une roue R, et fixé à un régulateur G, pour l'élever ou l'abaisser, selon la profondeur nécessaire au sillon.

Figure E. Rouleau ordinaire.

Figure F. Herse triangulaire.

Figures 2 et 4. Instruments pour sarcler.

Figures 3 et 9. Instruments pour biner.

Figures 1, 5, 6, 7 et 8. Houes à main de différentes sortes.

FIN.

TROYES, IMP. D'ANNER-ANDRÉ.

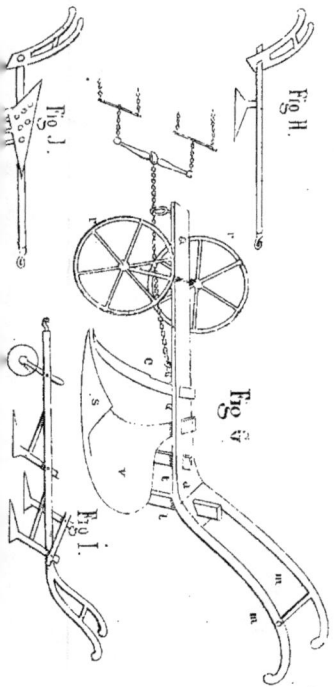

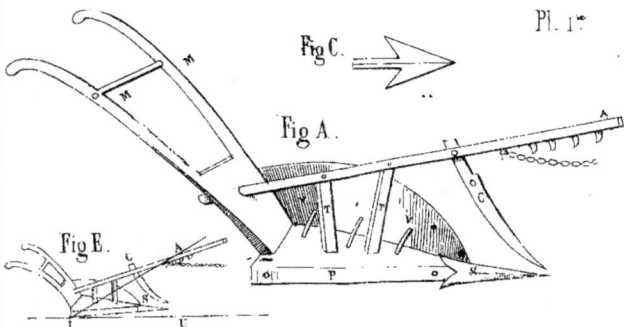

Pl. 1.

Fig C.

Fig A.

Fig E.

Fig B.

Fig F.

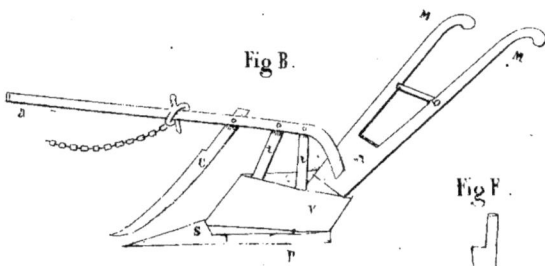

Fig D.

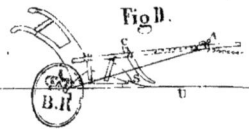

B.R

Pl. 2

Fig A.

Fig D.

Fig B.

Fig F.

Fig E.

Fig C.

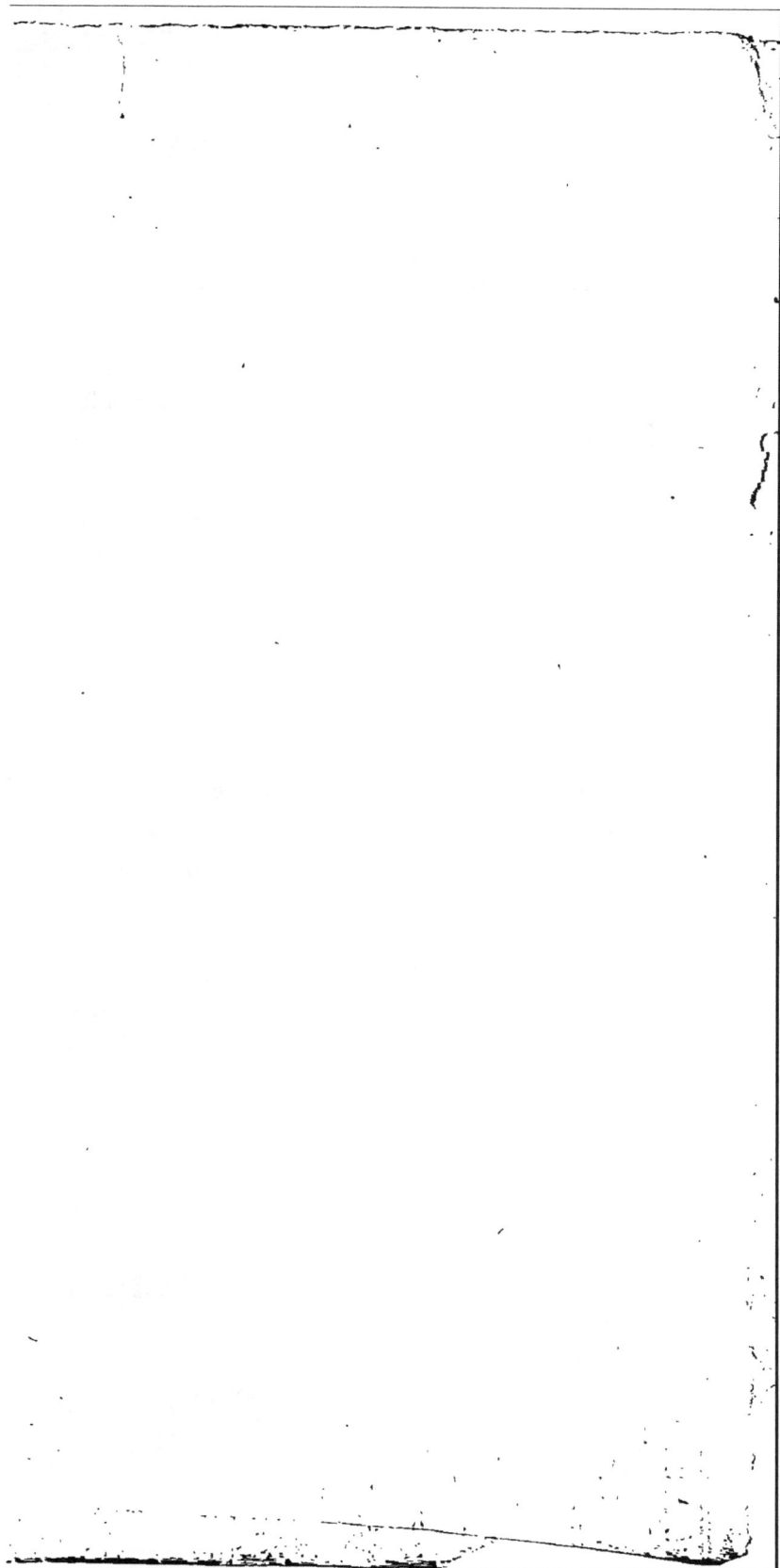

CET OUVRAGE SE TROUVE AUX ADRESSES
CI-DESSOUS :

	chez RORET, libraire, rue Hautefeuille.
A PARIS :	— HACHETTE, lib , r. Pierre-Sarrazin.
	— PITOIS-LEVRAULT et Cie, r. de la H.
AUXERRE,	— Ve GALLOT-FOURNIER, libraire.
BREST,	— Ed. ANNER, imprimeur-libraire.
CHALONS,	— DORTU, imprimeur-libraire.
CHAUMONT,	— DARDENNES, libraire.
CLAMECY,	— CHRÉTIEN, libraire.
COSNE,	— GOURDET, imprimeur-libraire.
DIJON,	— POPELAIN, libraire.
LANGRES,	— LÉONARD, libraire.
LIMOGES,	— BARBOU, imprimeur-libraire.
LYON,	— PELAGAUD et LESNE, imp.-lib.
MELUN,	— THOMAS, libraire.
NEVERS,	— PIERRET, libraire.
REIMS,	— REGNIER, libraire.
SENS,	— THOMAS-MALVIN, impr-lib.
TONNERRE,	— COLLIN, libraire.
TOURS,	— MAME et Compe, imp.-lib.

www.ingramcontent.com/pod-product-compliance
Lightning Source LLC
Chambersburg PA
CBHW060530210326
41519CB00014B/3185